泰國買貨
超實用！曼谷逛街購物指南

李怡明（泰國海鷗）、顏毓賢（Ricky）著

【海鷗 序】
我走過的足跡，助你滿載而歸

2004 年 3 月，我離開了一個陪伴我從未婚到結婚，並生了一對兒女的工作崗位——考試院。我在考試院待了 12 年，度過了我的 20 ～ 30 歲的年輕歲月，那裡對我而言充滿了很多回憶。

2004 年 4 月 27 日——我的 35 歲生日當天，我們一家四口離開了台灣，開始長住在曼谷的生活，剛開始，要去適應一個語言不通的環境，並不是件輕鬆的事，而支撐我的力量，便是我一貫堅持婚姻的原則：「一家人再苦也要在一起的理念。」

我一直相信我的另一半，我相信，他可以讓我們度過這一切困難，所以我願意跟他一起奮鬥，至於為什麼我會開始代買的工作呢？這都要感謝一位住在淡水的羅先生。當初羅先生透過朋友的關係，寫了一封 mail 詢問我，是否可以幫他買泰國設計師 MR.P 的相關產品，於是，一切有了新的開始。

2005 年下半年，我的代買，因為客戶詢問量增加，經由先生的建議，我制定了「海鷗的代買方案」，並自己做了一個僅有 4 頁的網站，對於沒有學過網站設計的我，當時也請教了幾位良師，一切就在懵懂之中，我的處女作完成了。當時是租清邁一家公司的伺服器，因為租伺服器每年需繳費 6,000 銖，所以我將網站架設了 2 年後，便輾轉到免費的部落格空間，為了增加不同系統的曝光率，我於痞客邦及 gmail 各申請了一個部落格。

在經營部落格的過程中，我深深覺得凡事需一鼓作氣，雖然起步難，但只要先將主要架構做好，未來只要更新產品就好了。其實在每個過程中，我都會從客戶之中學到不同的經驗，我也覺得很慶幸的是，我的客戶多是好客戶，且也多變成了朋友，逢年過節，Line 或 FB 上也都能得到祝福的聲音。這是我覺得很安慰的地方，因為在別人的土地上生活，內心還是覺得自己國家溫暖。

海鷗這個名字是我自己靈感一來、有感而發取的，因為我希望自己可以跟海鷗一樣堅強，不怕狂風巨浪，克服一切困難。我一直很感謝我的父母知道我們一家人在國外打拚的辛苦，一路上一直鼓勵著我們，做我們的最佳後盾。

2011 年對我而言是更忙碌的一年，代買及陪同採購的件數比起 2010 年倍增。那年 4 月 19 日，青創會首次開班「泰國批貨實務」課程。我應邀回台當講師，初次與青創會承辦課程的李佩紋小姐見面談課程時就相談甚歡。我抱持著將自己幾年整理的資料與大家分享，並可以多認識一些朋友的心態，覺得這是很好的人生過程與經歷，我當然是接下了這個職務囉。

我很感謝青創會給我這個機會，讓我可以將實務經驗分享給同樣對泰國批貨有興趣的學員，也在後續彼此聯繫的過程中，創造彼此的商機。青創會至今辦了13 個梯次的課程，文化大學教育推廣部台北、台中、高雄及財團法人中國生產力中心中區服務處也都陸續辦了泰國批貨實務課程，在這過程中，海鷗也深深感覺到，想了解泰國批貨實務的客群並不少。

於是在與學員之一，目前也是擔任網路行銷顧問師，對泰國批貨也有興趣的 Ricky 閒聊中，我們決定一起合作寫下我們的心得經驗與大家分享。希望我們的這本《泰國精品批貨》，可以讓想自行來泰國批貨的人有方向可循。

海鷗以自身 10 年來的採買經驗寫下了我的心得，希望海鷗曾走過的足跡，能讓按照書本來採買的人也可以滿載而歸哦！當然，若在曼谷街頭需要任何幫忙時都可以隨時打電話給海鷗，我會盡全力協助幫忙大家盡早解決問題。

海鷗的聯絡方式：

- 手機：+66-869836660
- 手機：amy66869836660
- Email：yiming0427@yahoo.com.tw
  yiming0427@gmail.com
- 部落格：http://yiming0427.pixnet.net/blog
  http://thailandseabird.blogspot.com/
  http://yiming0427.wordpress.com/
- FB：李怡明（泰國海鷗）https://www.facebook.com/yiming0427
- FB 粉絲團：泰國精品批貨 https://www.facebook.com/iThaiShopping
- 我的花茶店 (season)：搭 MRT 至 Sutthsian 站 3 號出口，出站後左轉直走，會先經過一個市場，看到 BON CAFE 再左轉就到囉！

【Ricky 序】
打造自己的品牌吧！

　　自從去青創學院上了海鷗的「聰明致富批貨達人──泰國批貨實務」課程後，對於泰國的印象從此改觀，原來，泰國不只有很多好吃好玩的地方，由於泰國近年來設計產業蓬勃發展，其樣式及品質逐漸不輸日韓商品，最主要價格還比日韓還要低，還可以大量批貨回台賺錢喔！

　　有鑒於此，便興起與老師共同撰寫一本關於泰國批貨的書籍，希望能將海鷗老師多年批貨及代購的豐富經驗，讓更多對泰國批貨有興趣的人知道。加上自己本身是資管及企管背景出身，於此書中更添加了與一般泰國旅遊書較少提及的附加內容，如：智慧型手機 Apps 的相關應用。此外，更成立本書專屬 Facebook 粉絲團及部落格，希望未來能更即時、更快速地更新書本中介紹的各批貨商場優惠活動資訊，盼能提供給讀者更多的加值服務。

　　隨著科技日新又新，販售商品的管道及通路越來越多元化，行銷方式不斷地在創新之下，未來，Ricky 希望能藉由擔任網路行銷顧問師多年，輔導過無數中小企業及參與過操作出百萬 Facebook 粉絲數專案的豐富電子商務經驗，幫助有參加「泰國批貨教學團」的團員們成立自己專屬的粉絲團，藉此推廣及販售從泰國批貨回來的商品、打造自己的品牌、尋求新商機及洽談異業合作的種種賺錢機會。

　　最後，感謝曾提供泰國自助旅遊情報給我的友人：Nelson 老師、大衛、Albert。在泰國自助旅遊取材時提供諸多協助的 Alfie、Alton、Sparks、小班……，以及協助攝影的兩位摯友：Elton 及 Dante，多虧大家鼎力相助，才讓此書內容更加精采可期！

Ricky 的聯絡方式：

- Line：kmleader
- Skype：ThaiShopping168
- Email：thaishopping168@gmail.com
- 「泰國精品批貨」部落格：http://thaishopping168.pixnet.net/

Thailand
泰國精品批貨 ——目錄

PART 1

採購精品，為什麼要去泰國？
即將崛起的設計之都，
搶先登陸！

1. 為什麼要去泰國批貨？

泰國是亞洲少數沒被西方殖民過的國家之一，泰國人民對自己的文字、飲食、信仰、文化等都充滿自信。

2004 年間，泰國政府就有計畫將曼谷塑造成亞洲的米蘭，期間聘請了歐洲一些名師至泰國教授有關美學與藝術設計的課程，由於泰國政府的政策支持，再加上經過多年的培育，泰國已漸漸成為亞洲新興設計王國。

泰國致力於設計力的養成，為邁向設計王國奠下良好底蘊，泰國出品的商品與韓國、日本、中國大陸相較，更具有其獨特性。泰國的時間比台灣慢 1 小時，從台灣飛到泰國，飛行時間是 3.5 小時，差不多在飛機上用完餐，飛機就準備降落了，且泰國可以辦落地簽，對臨時決定要到泰國批貨的朋友，可以訂好機票，準備護照及 1 張相片，便可以出發到泰國批貨，說走就可以走，相當便利。到泰國批貨到底有什麼優勢，以下幾點分享給大家參考：

曼谷許多百貨公司與商場，是展現泰國獨特設計與創意的最佳地點。

產品優勢

1 多樣性：

泰國有許多新興設計師，融合了多國元素
作為靈感，創作出獨具品牌特質的商品，
到泰國批貨，可以批到設計感殊異且多元
性的商品。

2 獨特性：

針對流行性強的商品，泰國設計師多數不
會重複生產，因此賣泰國設計師商品，比
較不會有競爭者。

3 價格優勢：

所謂的價格優勢並不是指低價的意思，而
是指質量相同的商品，相較於其他國家，
泰國較為便宜。

非常具現代感的泰國燈飾。

住宿交通優勢

曼谷是全球著名的觀光城市，因此，在住宿上的選擇非常多，飯店從 1 至 5 星級
都有。曼谷的大眾交通工具（MRT 與 BTS）非常便利，英文標示也很清楚，對
來泰國觀光或批貨的外國人而言，可以很便利搭乘曼谷的大眾交通工具。住宿方
面，建議住在 BTS（空鐵）與 MRT（地鐵）周邊，交通便利的飯店尤佳。

2. 我平常都去中國大陸、韓國與日本批貨，泰國有什麼不同？

泰國近年來因新興設計師興起，再加上泰國政府致力推動讓曼谷成為「亞洲的米蘭」，已逐漸走向設計強國之列。

因此，吸引了台灣許多年輕創業族群、室內設計師及服飾相關業者，他們希望從已逐漸飽和的韓國貨、日本貨及中國貨既有市場中，另外開闢一個新戰場，便紛紛到泰國找尋設計靈感及個性商品。

泰國產品優於中國、韓國與日本的，是它的設計與手工。手工產品一直是泰國的強項，由於泰國人生活與工作步調較慢，讓他們更有心思在設計與手工中發揮。

泰國是一個包容性相當大的國家，結合了世界各區域人種文化，因此也融合了許多區域的文化元素。

以往，外國人眼中的泰國，"made in Thailand"，意味著是以密集廉價勞工取勝的地方，代工生產低價位的商品，例如雨傘或是鞋子等，但近幾年，為了提升自己的全球競爭力，泰國政府投入大量的資金，積極輔助各項設計及創意產業，朝向設計王國發展，"made in Thailand"已不再代表廉價的商品了。

有多位初次來泰國採買的客戶都曾跟海鷗反映，泰國產品的設計與眾不同，相當特別，且相較於韓國與日本，泰國產品價錢又更低廉，是他們想轉戰到泰國批貨的原因。

以下就針對到中國、韓國與日本批貨與泰國不一樣處，簡要說明：

中國

大約 10 年前，就有很多批發商去中國批貨，原因是中國勞力低廉。會選擇去中國批貨的商家，大都以價格低廉為首選，如今，中國工資及各方面費用已提高，價格優勢已不存在，且品質上的缺失，是中國貨最大的問題。

韓國

與中國一樣，10 年前就有很多批發商去韓國批貨，由於韓國批貨只限於東大門一區，變化並不多，再加上現階段到韓國批貨的商家很多，很容易與其他商家商品「撞衫」，造成削價競爭。

日本

因為物價過高，日本的批貨成本（食住行）都高於亞洲各國，日系的主力商品是保養品與化妝品，而保養品與化妝品客戶族群大多已固定，其他商品若單價過高，要再開發新客戶會比較困難。

深具泰國傳統元素的商品。

3. 目前有很多台灣業者去泰國批貨嗎？

這幾年來，海鷗接待過非常多來自台灣的業者，據我觀察，到泰國批貨的台灣商家，大致分為以下七類：

| 新入門的網拍業者 | 泰國商品販售商 | 流行服飾業者 | 家具家飾類業者 |
| 銀飾類業者 | 食品供應商 | 香氛業者 | |

新入門的網拍業者

初步開始想從網拍創業的業者，因為剛入門，大都會在網路上搜集一些資料，了解目前的流行趨勢與競爭性，並評估自我的採買能力，最後才會決定到何處採買。會來泰國批貨的新入門網拍業者，多半發覺在台灣韓貨市場已經飽和，而中國貨的品質不佳，日本貨則因為成本高，利潤並不高，比較優缺點後，因此選擇泰國為批貨首選國家。這些新入門網拍業者，大都以流行服飾，T-shirt 及飾品、包包為初入門選擇。

泰國因為氣候炎熱，短洋裝是女性主要服飾。

泰國商品販售商

原本在台灣就販售泰國的三角枕、手工木雕製品、泰國民族風服飾及海灘褲等泰國商品的小型業者，初期都是在台灣跟台灣的大盤商批貨來賣，經過一段時日，自己的客戶群已漸漸穩定，跟大盤批貨的數量趨增，為了減低進貨成本，開始尋求更便宜的進貨管道，於是選擇自己出國批貨。海鷗有幾位在台灣販售泰國民族風服飾的客戶，紛紛跟海鷗反應，他們自己出國批貨後，進貨成本大約便宜 2 成以上，且可以實地挑選跟台灣其他業者不一樣的商品，不但進貨成本降低且商品獨特，利潤可以更高。

流行服飾業者

泰國是熱帶國家，服飾方面的主打商品以夏裝為主，所以服飾業者每年來泰國批貨的旺季是 2 月至 7 月。這類來泰國批貨的業者，多是自己有零售店面經營，且來店消費的客戶多已很穩定，有時熟客們也會先下訂單，讓這類零售業者直接按照訂單批貨，因此這類業者來泰國批貨時，主要以採買店家現貨為主。

海鷗建議，若大量批發下訂單的商品，需提前 2 個月前準備訂單，因為泰國訂單的交貨期，約需一個月左右的工作天才能完工交貨，若加上運送的時間，提前 2 個月準備會較妥當，如此才可以在預定的時間取到貨。

家具家飾類業者

目前台灣去泰國批貨的家具家飾業者，以室內設計師及飯店與民宿業者居多。近來台灣走向自然風、大量使用植物綠化的設計風格，復古家具變成一股風潮，泰國製作復古家具的工廠配合度相當高，只要提供規格與尺寸，工廠就能依客戶需求完成作品，並如期交貨，對於希望採買特殊規格家具的業者，是很方便的選擇。

使用許多天然材料、走自然風格的泰國家具，品質與設計感都非常有口碑。

銀飾類業者

台灣銀飾業者會選擇來泰國批貨，最主要考量價格低且設計非常獨特，泰國銀飾業者，每家公司各有不同的設計風格，選擇性非常多。批貨業者可以於不同的設計風格中，找到最適合自己的產品。

食品供應商

泰國有很多點心食品在台灣是非常有名的，例如：小浣熊烤海苔、POCKY 餅乾、榴槤乾、BENTO 超味魷魚、皇家牛奶片……，泰國的皇家牛奶片是由皇家農場製造生產，純度 100%，價格便宜，深受非常多消費者的喜愛。

香氛系列

精油按摩與 SPA 是泰國的觀光產業之一，泰國的香氛產品以天然為訴求，香氛系列產品是泰國的特色之一，目前有幾家香氛產品製造公司已與台灣簽下代理合約，例如 HARNN 及 KARMAKAMET 都是泰國知名品牌，這兩個品牌在台灣也都具知名度。現今上班族工作壓力大，下班回到家，可以靠香氛產品來放鬆一天工作的疲勞，提升生活品質。

4. 泰國精品，
有哪些特色？

泰國除了傳統手工藝品外，一些新興設計師的設計商品，還融合了歐亞文化的創意元素，除了多變新穎的設計外，材質與剪裁都非常講究。近幾年來，有許多台灣頗具名氣的設計師來曼谷考察後，才發覺泰國的設計藝術非常強且有時尚性，對泰國時尚另眼相看。以下介紹各類產品特色：

② 服飾方面：

泰國服飾除了傳統民族風味的服飾及熱帶地區海灘衫、海灘褲外，還有許多創新的 T-shirt，這些棉 T 工廠，從設計、打版到接訂單，都是工廠自營的。

① 家具部分：

除了泰式家具外，也出品歐式復古家具、中國仿古紅木家具與戶外專用的家具等，台灣設計界所用的許多時尚感家具，均出自泰國設計師之手，泰國設計師品牌 mango 非常受到歐美人士及台灣知名室內設計師的喜愛。

③ 銀飾部分：

在 30 年前，泰國銀飾曾是台灣旅客到泰旅遊必買的伴手禮，現在泰國的銀飾業者，針對歐美所流行的鼻環、舌環、肚臍環開版設計並生產各式商品，廣受歐美批發客的青睞。

④ 食品方面：

小浣熊烤海苔、大哥花生豆、榴槤乾、POCKY 餅乾、泰國皇家牛奶片等泰國食品，在台灣都相當熱賣。

⑤ 手工小飾品：

這類手工小商品大多製成鑰匙圈或手機吊飾來販售，9 年前台灣流行的手工巫毒娃娃，便是出自於泰國人的設計與手工，而用鋁線編製成的機器人及摩托車也都出自泰國人的巧思。椰子是泰國的特產，泰國人廢物利用，將椰子殼製成零錢包及燈飾裝飾品及 SPA 用的器具等。

⑥ 夾腳拖鞋：

泰國地處熱帶，夾腳拖鞋在設計上以活潑多變、顏色鮮明飽和為主，顛覆傳統對夾腳拖鞋的印象，因為顏色鮮明再加上設計剪裁，讓夾腳拖的價值提升了。

⑦ 燈飾：

泰國的燈飾造型多變化，其中一款球燈燈串非常具特色，球燈燈串是手工製成的，材質用棉線纏繞成球狀，再以膠漿固定成型，五顏六色各種顏色都有，雖然台灣的電壓（110V）與泰國（220V）不同，但球燈燈串可於選購後，請店家幫忙更換電線為電壓 110V，球燈燈串可讓居家燈光，變得柔和溫暖哦！

5. 去泰國批貨安全嗎？
哪些風險要留意？

　　整體而言，當然是相當安全的。但不怕一萬，只怕萬一，還是要讓自己有充分準備。根據我的經驗，到泰國批貨最重要的一點，就是保護自身的安全與錢財的保管。海鷗分享以下經驗給大家參考：

①　小心扒手：

每個國家都一樣，只要在人多的公共場所，都需特別注意自身的錢財安全，尤其是來批貨的業者，身上大都準備較多現金，所以更要小心謹慎。

以泰國而言，在泰國各批貨商場都需要特別小心扒手，最好將錢財分散放置，若有同行的夥伴，也可請代為保管。

②　夜間活動：

以東南亞國家而言，泰國治安算是最好的，但是在特定的夜間活動地區，因為世界各國人都有，說話間必須保持彼此的尊重，不然很容易與其他國家的人起衝突，因此建議去泰國批貨的業者，白天批貨已經很辛苦，晚上最好的獎勵，便是泰式按摩與 SPA，若想體驗泰國的夜店，最好請熟識的人陪伴比較安全。

觀光景點或批發商場人潮均多，需隨時注意個人錢財保管。

③ 注意外籍金光黨：

觀光客中也會有詐騙集團，在許多台灣人的觀念中，金髮碧眼的歐美人都是有錢的商務客或觀光客，其實不然，尤其在寶馬與水門批貨商圈，常會有外國人假借問路前來搭訕或想要了解你從哪裡來？想看看我們台幣長什麼樣子？這時請表示自己英文不好快速離開，千萬不要太熱心及將錢包打開給對方看，以免被抽取更換掉裡面的紙鈔，在泰國的媒體報章上，常見外籍金光黨的社會新聞，所以批貨業者，一切需小心謹慎。

6. 哪類精品特別值得到泰國批貨？

在台灣走紅的泰國商品，大都是透過台灣的小型販售商或是來泰國旅遊後帶回的伴手禮而口耳相傳。以下就這幾年來，流行商品中較具特色的商品逐一介紹：

| 曼谷包 | 巫毒娃娃 | 盒 T | 77th |
| KARMAKAMET | 設計家具 | 鋁線鑰匙圈 | 設計師包包 |

曼谷包

以曼谷包為例，曼谷包最早是由華航的空姐自己使用及買回台灣當伴手禮而走紅，目前在台灣最有名的NARAYA 曼谷包，已與泰國的總公司簽下合約代理，NARAYA 曼谷包雖然已在台灣流行多年，但旅遊團到曼谷觀光時，至今還是會到曼谷包販售店採買，以送給親朋好友們當伴手禮，依然不退流行。

NARAYA 於曼谷的門市。

巫毒娃娃

9 年多前在台灣紅遍大街小巷的流行手工產品：巫毒娃娃，也是販售成功的泰國商品，每個巫毒娃娃都是手工完成，每個巫毒娃娃都有不同的心情故事。當時，巫毒娃娃因為它的手工特色與深入人心的故事，成為非常流行的飾品，如今依然深受歐美人士的喜愛。

盒 T

泰國 T-shirt 的質感與圖騰設計，有別於其他國家，對台灣人而言是非常有特色的。8 年多前，泰國設計的盒 T 曾在台灣流行一段時間，所謂的盒 T，便是將 T-shirt 裝在透明四方盒內，外面有一片木板圖案，木板圖案就是 T-shirt 上的圖案，因為包裝特別，深受年輕人喜愛，當時在台灣的銷售成績非常不錯——盒 T 目前在台灣，依然未退流行。

77th

77th 是泰國有名的設計品牌,產品包括服飾、包包及飾品。

77th 設計師從首飾起家,作品充滿創意。

產品約 5 年前開始引進台灣,
至今在台灣已小有名氣,
喜愛 77th 設計師商品的客群,
很多還是影視圈名人呢!

KARMAKAMET

香氛系列產品中,KARMAKAMET 在泰國的知名度甚高,除了設計感十足外,還因為它的產品是用各國的有機水果及花草所製成,完全不含化學原料,台灣已有業者將這個品牌引進台灣,香氛系列產品是有品味的上班族,舒壓的最好選擇。

設計家具

目前台灣走自然化的設計風格，復古家具變成一股風潮，已有多家飯店及民宿業者前來泰國訂做復古家具，未來將會吸引更多有這方面需求的廠商，前來泰國取經。

鋁線鑰匙圈

設計師用鋁線手工做成的鑰匙圈與機器人、機車模型，除了巧手外，還需有藝術性的創造力，鋁線製成的商品，非常具特色，令人嘆為觀止。

設計師包包

近 3 年在台灣流行的泰國設計師品牌包包有 DERAMER、OH-EVVA、GAGA BKK ORIGINAL、GUARANTEE、POSH、SMOKIN、SHOW+ROOM、HOME WERD BOUND。

7. 去泰國批貨，有哪些常見的風險？

本書就一些發生過的案例，歸納出到泰國批貨必須注意的事項，以及如何降低失敗風險的方法，分別是：

1 交貨期，要有可能延期交貨的心理準備：

泰國人天性樂觀隨性，對於時間觀念也比較差，往往發生延期交貨的狀況，導致台灣批發商家失信於客戶，雖然商家會保證下不為例，但如果沒有緊緊盯催，還是會發生延遲交貨的狀況，幾次以後，會導致批發商放棄繼續來泰國批貨的信心。

海鷗與 Ricky 的建議是，在泰國其實是可以找到有時間觀念且供貨穩定的設計師，但是必須要經過數次的商品採購，慢慢找出較有時間觀念且配合度佳的設計師來長期配合，進而放棄無法配合的設計師商品。

2 別挑太多同類商品，多找一些設計師配合：

因為每個人的眼光不同，喜歡的產品也不同，盡量找多元性的商品，也就是多跟幾位設計師配合，可以讓自己的產品多元化，以吸引更多不同族群的客戶。

有著活潑設計感的包包可以考慮批貨。

泰國人樂觀隨性，雙方配合時要盡量盯緊訂單進度，以免造成延誤。

③ 自己賣的商品自己選，不要假手他人：

某些台灣批發商因為時間不允許自己到泰國採買，於是請泰國老闆直接寄送商品，圖案讓老闆選，結果老闆挑的都是一些賣不動的商品。若無法自行前來泰國採買，可以請海鷗協助，盡量降低風險。

④ 務必先確認，你買的東西能不能進口到台灣：

台灣海關及商檢局對於某些商品進口台灣，有其限制。若選定商品後，最好先跟台灣的報關行詢問，自己所選的商品，是否可以合法進口，進口時需注意哪些事項，先了解所有商品的運輸流程後，才不會發生貨已從泰國寄出，但貨到台灣後，卻領不出商品或罰款的事件。

購物快樂生活

泰國來的 Sukjai
23,713 人說讚 · 324 人正在討論這專頁

本地／旅遊網站
我們的名字叫Sukjai，泰文的意思是「很快樂的心」。我
的綠色就是希望大家看到我都會有愉快的一天。

留言　　　　相片　　　說讚的粉絲

👍 23,713

PART 2

我所熟悉的泰國

放心，
這是一個充滿微笑的國度

1. 泰國政治不是很亂嗎？現在去安全嗎？

如果要用一句話來描述泰國，我會說「微笑泰國商機無限」。

台灣許多人覺得泰國政治不穩定，而擔心起泰國的治安問題，這樣想其實錯了，泰國的治安比起其他東協國家，真的是好多了。

泰國是一個政經分離的國家。正因為如此，泰國無論政治如何的混亂，對經濟的影響相當有限，例如 2010 年紅衫軍長達半年的集會與 2014 年黃衫軍的集會，以海鷗長住曼谷的角度來看，其實只有在某幾處集會區會有些複雜，只要不去集會區，百姓們的生活一切正常。就如同 2014 年台灣學生因為反服貿佔領立法院一樣，以泰國人的角度來看，還以為台灣政府要被推翻了。

泰國只要有皇室在，無論政客如何互鬥，最終還是會和解協調，協調不成軍方就會使用政變的方法解決紛爭，所以在泰國政變是稀鬆平常的事，農民們對曼谷的政變普遍都不關心，因為對他們而言，他們覺得只是換個人當家，不會影響一般老百姓的生活。

每一個國家的民族都有它的獨特性，若以自己的想法去看別的國家，很容易產生誤解。就以 2014 年泰國軍方發動的政變來看，軍事政變在全球多數國家都是獨裁專權的表現，許多國家都很反對軍人介入民主政治，包括美國也嚴厲譴責，但是在泰國並非如此，泰國老百姓有 70% 以上支持軍方政變，因為黃、紅兩派（泰國黃衫軍的成員，多是以民主黨為主的曼谷市中上階級；紅衫軍的成員則多是以塔信勢力所組織的為泰黨為主，多是泰國北部與東北部的勞工階級）長期的相互政爭，影響到曼谷的觀光業，也間接影響商業活動，於是軍方開始

介入紅衫軍與黃衫軍的政治協商，最後協調不成，陸軍總司令巴育將軍對全國宣布政變，結束長達半年多的政爭活動。

軍方主政後，仍遵循泰皇利民的宗旨，在接掌一個月內就解決了前政府積欠農大米款項的問題，交通建設經費也從 1,400 億上調到 1,540 億，而軍方政府目前正積極落實各項之前未完成的建設，自從軍方政府接管政權後，泰國社會倒是顯得穩定安逸許多。

泰國華文報眾多，只不過目前只有聯合報系的《世界日報》是繁體字，其他華文報都是簡體字。許多與泰國相關的新聞資訊，海鷗建議讀者們可以參考世界日報的網站：www.udnbkk.com/，讀者們也可以在曼谷機場的服務處索取免費的《@曼谷雜誌》月刊：www.atmangu.com 及《你好 NiHao》（泰國唯一的中文旅遊雜誌）及《MEKONG 湄公商旅》（商業旅遊指南）。

認識泰國

正式國名	泰王國／Kingdom of Thailand ／Kingdom of Thailand
首　都	曼谷／Bangkok ／กรุงเทพมหานคร
位　置	位於中南半島心臟地帶，泰西北與緬甸為鄰，東北接連寮國，東接柬埔寨，南部與馬來西亞接壤
面　積	513,115 平方公里
人　口	62,828,706 人
氣　候	熱帶性氣候，全年三季分明，3～5月為夏季、6～9月是陽光充沛的雨季、10～翌年2月為清涼季節
語　言	泰語
宗　教	信奉佛教者95%、信伊斯蘭教者4%
貨　幣	泰銖／Thai Baht（THB）／บาทไทย（฿）

2. 泰國人對華人友善嗎？

　　海鷗在泰國長住的感覺是，泰國人普遍都很願意跟來自台灣的華人做朋友，畢竟自 19 世紀起就有許多來自中國的商人或移民的華人在泰王朝成為達官貴人，因此，華人在泰國生活相較於東協其他國家要容易多了，泰國是東南亞國家中，不存在排華問題的國家。

　　之所以如此，主要是因為泰國與中國自元朝起就有商貿的互動。華人在泰國影響最強的時期是 1767 年，當年阿有他亞王朝被緬甸滅亡後，廣東海澄第 2 代華裔鄭信在昭披耶河東岸，以當時暹羅東南沿海（現今的春武里等地）為基地，組織抗緬軍。1768 年，鄭信趁著中國清朝乾隆皇帝對緬甸貢旁王朝進行中緬戰爭時，將緬甸軍打回緬甸，接著在吞武里建立了吞武里王朝，於是鄭信成為泰國第一位華人皇帝，被尊稱為鄭信大帝，在泰國歷史上，只有 5 位皇帝被尊稱為大帝，由此可見，這位華人皇帝在泰國人心中的地位是非常崇高的。

　　這也就是為什麼，今天泰國的華人在政治或經濟上都擁有很大的影響力。近 30 年來，泰國民選總理有 16 任是華裔，現今泰國的政黨領袖 9 成都是華人，例如：紅衫軍為主的為泰黨精神領袖塔信是廣東梅州籍客家人；黃衫軍為主的民主黨黨主席阿披實祖先是從越南遷移到泰國的袁氏華僑（客家人），若以祖籍來看，紅衫軍與黃衫軍兩派的領袖都來自同一處。

泰國快速導覽

國　名	泰國（Thailand）
首　都	曼谷（Bangkok，簡稱 BKK），本書主要介紹 BKK 各批貨勝地。
飛行時數	從台灣到泰國曼谷，搭乘最快航班，也就是「直航」的話， 大約 3.5 小時左右可到，若想省錢，利用「轉機」的話， 可能就要 5 ～ 7 個小時左右囉！ 因為便宜的機票通常都是「晚去早回」時段， 請斟酌實際狀況訂票。
氣　候	泰國大部分時候都頗炎熱，氣候分為 3 ～ 5 月的夏季、 6 ～ 9 月的雨季及 10 ～ 2 月的涼季。
時　差	跟台灣相差 1 小時。 也就是說，台灣現在若是中午 12 點，泰國當地是早上 11 點而已。
語　言	泰文，英文也通。 （若是小攤販，大部分英文只會說基本的單字，但有泰式口音）
電　壓	220V，台灣帶過去的電器用品可直接使用， 不太需要額外攜帶插頭轉接器。
貨　幣	泰國貨幣叫銖（Baht），原則上台幣：泰銖約為「1：1」。

對華人友善的泰國，更是個重視觀光的國家。為了提供即時觀光訊息，泰國觀光局於 2012 年 12 月初正式啟用官方 LINE 帳號，旅客可以透過智慧型手機 LINE 獲取最新觀光旅遊活動資訊，凡是已經在泰國當地或是在新加坡、馬來西亞、印尼的旅客，都可以收到即時資訊。

泰國觀光局

官網　http://www.tattpe.org.tw/

FB　https://www.facebook.com/amazethai（泰國來的 Sukjai）

Line　讓旅客和泰國再近一點。

泰國觀光局專屬的 Line。

❶ 泰國觀光局的官網。　❷ 泰國觀光局 FB 粉絲專頁。

3. 整體來說，泰國有哪些重要特色？

海鷗在泰國長住10年的觀察，發現在台灣的朋友對泰國的認識，多只限於芭提雅、普吉、清邁等旅遊景點，對曼谷的印象則是大皇宮、玉佛寺、柚木皇宮等觀光景點。如果能多來幾趟，多深入當地社會，就能看到更多更豐富的面貌。

曼谷，多彩多姿的夜生活天堂

曼谷最近幾年已成為全球的影片後製重鎮，在塔信執政時期就積極與歐洲許多國家進行文藝交流，每年從各大學選拔多位有設計潛力的畢業生到義大利、法國等時尚之都深造，學成後再將所學帶回泰國。至今，曼谷已漸漸成為亞洲的米蘭，亞洲的時尚設計創意中心。

近年來曼谷市蓋了許多時尚百貨公司及購物中心（shopping mall），例如：TERMINAL 21、SIAM PARAGON、SIAM Discovery、SIAM CENTER、CENTRAL EMBASSY、CENTRAL WORLD PLAZA等，每間百貨公司的櫥窗設計，都有可以學習的地方。海鷗個人尤其喜愛TERMINAL 21及SIAM CENTER的設計。因此，如果有機會漫步在曼谷的百貨公司時，不妨放慢腳步，放空的享受。

曼谷市是一個充滿活力卻又帶點慵懶的都市，白天曼谷市是一個商業繁忙，車道擁擠的都市，可是到了夜晚，卻是一個充滿浪漫繽紛多彩多姿的夜生活天堂，無論任何時刻來曼谷，它總是會散發著讓人著迷的浪漫與商機。

❶ 曼谷擁有十分熱鬧的夜生活。

❷ 有 30 年歷史之久的 MBK 百貨，位於曼谷 BTS W1 站 National Siadium 國家體育館。

❸ CENTRAL WORLD PLAZA 是泰國市中心最大購物百貨城，由「Zen」、「Isetan」及「Central」組合而成。

多元種族與宗教，彼此相互尊重

泰國是一個有皇室的民主國家，多數老百姓篤信佛教，但並不排斥其他宗教。台灣的一貫道教在泰國每一個府都有道親與佛堂，泰國南部多半信奉回教，在曼谷地區也有許多的天主教和基督教教會學校，在石龍路上有一間非常有名的印度廟，此印度廟是石龍區印度人的信仰中心，在泰國各宗教都是平等的，互相尊重的。

特殊服務業發達，亞洲同志天堂

泰國雖然是個傳統佛教國家，但由於觀光業的發達，因此，泰國對於性產業相較於其他國家，較為開放，一般而言，從事色情服務業是不會受到他人歧視的。尤其是在芭堤雅、清邁、曼谷等城市，因為夜生活是泰國的觀光產業之一，所以從事色情行業的男女也特別多。在泰國，幾乎任何地方都能碰上人妖，人妖在泰國並不會受異樣的眼光看待，至今，泰國的人妖秀表演，也為泰國的觀光產業帶來不少的收入（人妖在法律上的定位是男性）。

另外泰國也是男女同志的天堂，海鷗曾經在採買中巧遇來自台灣與新加坡的男同志，兩人相約在曼谷見面，一起放鬆的購物約會，因為他們知道，在泰國，可以完全的盡情享受約會的輕鬆感。

龍蛇雜處，什麼事都可能發生

每個國家都有其要特別注意的地方，泰國因位處於亞洲、歐洲及非洲的轉運中心，再加上泰國以觀光旅遊產業為主，因此在泰國可以見到世界各國的人。

旅客到曼谷後，多半會去參拜四面佛。

只是正如俗語說「林子大了，什麼鳥都有」，如果你在曼谷的商場中遇到金髮碧眼的帥哥或美女向你以問路為藉口，進而請求跟你換錢（100～500美金不等）時，對方所持的美金通常是有問題的，千萬不要跟他們換錢。另在曼谷某些人多的批發商場及夜生活的特種營業區，需特別注意扒手或騙子，曼谷的治安比起其他歐美大都市算是很好的，以海鷗對曼谷的觀察，曼谷扒手及騙子多，但小偷及強盜少。

泰國知名品牌集中地 SIAM CENTER。

4. 泰國經濟，這幾年來到底好不好？

　　泰國的經濟一直都依靠觀光服務業為主，1980 年以前，農業是泰國的第二大支柱，但由於當時的政府意識到工業的重要性（1988 年上台的民選總理差猜・春哈旺，大力鼓勵土地開發建工業區），到了 2012 年，農、林、漁業只佔全國產值的 8.4%，工業生產總值已達到 39.2%，服務業仍居首位佔 52.4%，泰國已漸漸轉型成為新興工業化的國家。在巴育將軍被泰皇授命為泰國新一屆總理後，不斷的加速基礎建設，尤其是交通部分，無論是曼谷市 2015 年開始新建的 6 條捷運線，還是以柯叻府為中心的 6 條國內雙軌鐵路與連接昆明的兩條快速鐵路，都在 2015 年陸續開工，還有瑪達浦港區工業園的改造工程及許多大型建設也都陸續開工。

　　2014 年 9 月 27 日新任交通部長巴金（原空軍總司令）透露新政府已制定出 2015 年至 2022 年未來 8 年的陸上運輸發展計劃，未來 10 年，將陸續投入 8,660 億泰銖開發陸運系統，使泰國的鐵路全面提速一倍，這樣能降低物流成本，此計劃僅是陸運部分，並不包含空運和水運的發展。

　　2016 年將再增建 6 條連接到邊境的跨國鐵路，這讓海鷗聯想起海鷗小學時，台灣在蔣經國總統領導期間所推動的台灣十大建設，成就了台灣經濟的奇蹟，有種歷史重演的感覺。

　　聯合國貿易及發展會議（UNCTAD）在投資形勢報告中提出，亞洲值得投資的國家，泰國排名第四名，前三名是中國、印度及印尼。投資報告指出，泰國在基礎設施系統較東協其他國家都較完善，而且將成為東盟經濟共同體（AEC）的中心，並預測泰國未來的 5 年經濟年均增長的速度可達 5%。另一方面，日本自 2008 年到 2013 年對東盟國家的投資年增長率為 30%，並在泰國鄰邊國家，如越南、緬甸擴大投資，主要生產汽車零配件與機械，這是日本以泰國為中心，將鄰國納入生產鏈的布局，

利用較低勞動力成本的優勢並在東盟經濟共同體（AEC）框架下建立起生產基地。

夜市裡人潮甚多，本地人與觀光客都有。

2014 年泰國的整體經濟呈現出上半年冷、下半年熱的現象，原因是上半年黃衫軍佔領曼谷數個人潮流量最大的十字路口，要求當時穎拉政府下台的示威活動，造成多處地方交通不便。國外媒體並大肆誇張報導，許多國家對泰國發出黃色警告，造成以觀光收入為主的泰國經濟下滑。

泰國陸軍總司令巴育將軍在 2014 年 5 月 20 日宣布以「泰國軍事維穩中心」取代政府體系，「維穩中心」正式接管泰國所有的軍事政治權力並實施戒嚴，5 月 22 日巴育將軍在曼谷軍人俱樂部邀請黃紅兩派的政治領導人進行協調和解，但是黃紅兩派都表示不接受，於是巴育總司令離開協商會場後並宣布政變，下令黃衫軍的多位領導人與看守政府總理穎拉向軍方報到。之後數個月，按慣例先中止憲法，解散看守政府，下議院停止其職權與活動，全權以巴育總司令為首之泰國軍事維穩中心進行政改，同年 8 月 25 日泰皇授權任命巴育將軍成為泰國第 26 任總理。

至今，由巴育總理接管的政府對許多延宕多年的交通建設項目都加快審核，並限時招標限時開工，這對泰國的經濟是正面的，巴育總理於 2015 年 2 月 8 日至 10 日到日本訪問，就泰國東西向高速鐵路（東接柬埔寨，西連緬甸）議題進行洽談，雙方並簽署了合作備忘錄（包括泰日鐵路發展意向書及促進投資合作）。

泰國雖然是佛教國家，可是泰國的夜生活卻是世界有名的，就拿曼谷市石龍區來說，白天這區是泰國的金融商辦中心，可是下午 6 點以後，就成了愈夜愈美麗的夜生活區，有著名的帕蓬夜市，男同志街，還有一些阿哥哥酒吧與掛花店等。泰國的夜生活，也為泰國的經濟貢獻不少。

5. 很多人在談泰國房地產，可以投資嗎？

　　投資房地產，是另一個重要且複雜的題目，最近我在台灣授課，學員們對這個話題的興趣也很高。若大家想認識泰國房地產，海鷗倒是可以幫助大家多了解一些概況。以下是我歸納出來的幾點建議，提供給大家參考。

① 假如你是房地產新手，建議先從曼谷起步

　　泰國早在 14 世紀就已是亞洲最繁榮的貿易中心，當時來自中國、印度、中東、歐洲各地的商人都在此交易，甚至定居。19 世紀拉瑪王朝遷都到曼谷後，這個位於沿海與昭拍耶河的港口城市，便成為泰王朝的經濟中心。

　　二次大戰後，泰國因為內外因素讓泰國更開放。東盟共同經濟體將在 2015 年 12 月 31 日生效，泰國位於中南半島各盟國的中心，西有緬甸，北接寮國，東面連著柬埔寨，南接馬來西亞，正因為泰國的地理位置優越，所以中國在規劃亞洲高鐵時，就將曼谷設為各線高鐵的轉運中心，泰國崛起已是現在進行式，而非遙不可及的未來式。

　　泰國的首都曼谷是亞洲的設計中心，來曼谷批貨採買的人，有近 2/3 的人會在採購過程中讚嘆曼谷的進步與繁榮，紛紛覺得曼谷是進步的、是有創意的；同時，曼谷是全球電影的後製中心，也是泰國國內的物流中心，10 年後更是東盟 10+1 國、20 億人口的物流中心。曼谷的優越環境，對投資者來說，真的是投資首選。

曼谷街景。

② 不可忽視的重大建設

目前最新的訊息，中國政府規劃的泛亞高鐵共有西線、中線、東線、南線 4 線，中線從昆明經景洪到寮國首都永珍，再經過泰國的東北部廊開南下到曼谷；東線則是從雲南玉溪，蒙西到河內，往南到胡志明，再往西經過柬埔寨的首都金邊，穿過泰國東邊的沙繳，往西到曼谷；西線則是經大理、保山、瑞麗南下到緬甸仰光，再往東到泰國首都曼谷，這 3 條高鐵線在曼谷交會後，往南經華欣到馬來西亞的首都吉隆坡，最後終點站為新加坡。

泰國政府為了迎接高鐵時代的來臨，預計在 2021 年曼谷三鐵（高鐵、捷運、火車）通車時，將原來的火車總站從華南朋遷到挽賜，其原因是舊有的華南朋火車站腹地不夠，無法滿足新站擴建的需求，所以已規劃將原鐵路局的調度站（挽賜）改成新的泰國皇家鐵路總站，原有的華南朋車站將停止運行，改成泰國皇家鐵路歷史博物館。

2014 年 6 月後，台灣的媒體開始介紹曼谷的房地產，曼谷在未來的 10 年內，必成為東盟的物流轉運中心，有物流就有金流，有金流就會有商貿中心。

③ 盡量從最熱鬧、生活機能最好的區域挑選

現階段，曼谷的舊金融中心在石龍路區，舊的物流中心在中國城（耀哇辣）三拼及白橋（沙攀考）等地區，都圍繞著華南朋火車站周圍。新規劃的新金融區則是從中央百貨帕南九延著拉差拉路往北到素替山，新的物流中心則是以挽賜新總站為中心，周邊 5 公里的範圍都有可

CDC（Crystal Design Center）前的廣場夜晚依然熱鬧。

能成為物流轉運的地區，畢竟挽賜總站的規劃，涵蓋了國內鐵路轉運、巴士轉運、曼谷市的捷運系統與未來泛亞鐵路轉運中心，整個轉運中心的站體就將近 6 平方公里，其規模可想而知。

素坤逸路是外國人對曼谷街道最先有的印象，為什麼呢？因為素坤逸路上經過使館區、日本小區、印度小區等，許多外商均以此路為生活的重心，包括居住、購物、飲食等等，逐漸把此路沿線的土地建設成為外商區，因此此路是曼谷市最繁榮的外商路，可是卻很少人知道素坤逸路的西段是接一世皇路，再往西則接到華南朋火車站。

這就是為什麼，素坤逸路能讓如此多的外商入駐，原因是素坤逸路在早期就是交通中心的主要延伸路段，但現今的素坤逸路雖然交通如以往般熱鬧，很多的新建案在 BTS 沿線開發，但是真正的核心區卻已飽和，無地可再開

華南朋火車站

發，唯有往東朝著北攬府發展。北攬府乃是曼谷周邊唯一可容許電鍍廠設立的工業區，有許多外國人對泰國的道路文化不了解，而產生許多誤判，就以素坤逸路為例，素坤逸路 1 巷的房價每平方米約 15 萬，但到了素坤逸路 19 巷的房價，卻高達每平方米 20 萬以上，而越往東邊，房價就遞減。目前 BTS 最東站 E14（Bearing）附近的價錢大約是每平方米 8 萬左右。但對於外國人而言，它還是素坤逸路，對不了解的曼谷的外國人來說，常會誤解。

4 我個人認為，目前投資尚未嫌晚

2021 年泰國接連中國雲南省的兩條高鐵完工後，大曼谷地區將成為東盟市場 6 億多人的物流中心，尤其是貫穿巴卓其力坦府的克拉運河開通後，麻六甲海峽將被邊緣化，而曼谷市也將取代新加坡，變成亞洲

的轉運中心。2021 年後，從曼谷市可以搭高鐵北上到昆明連接全中國的高鐵網，往西有高速公路通往緬甸最大的深水港及土瓦港，自東可透過國內的鐵公路網連接寮國南部各省與柬埔寨，屆時從曼谷到周邊國家，將可非常省時便捷。

以現在各大眾交通網都在興建中的利多，再加上東盟共同經濟體將在 2015 年 12 月 31 日起生效，曼谷市的外來人口將會劇增，住屋的需求也會劇增，有鑒於此，海鷗個人覺得，這個階段正是進場的好時機。

⑤ 無房屋稅、無地價稅、無虛坪

與我們所熟悉的台灣房市不一樣，在泰國置產並不需要繳房屋稅、地價稅。這裡的房子也不會有虛坪，因此也不必擔心公設比的高低。一般來說，有越來越多銀行可承做外國人購屋貸款，但一來最高貸款成數只有五成，且申貸手續較複雜，利率也較高 (約 7 ～ 8%)。海鷗建議，若能以自有閒置資金來投資，免去申請貸款的麻煩手續，不必忍受高利率的壓力。

當然這只是我個人淺見，僅供參考，當你更深入評估後，或許會有截然不同的看法也說不定呢。

東南亞國家聯盟

簡稱「東協」，2015 年將成立「東盟共同經濟體」，
東盟目前有 10 個正式的成員國，
分別是泰國、馬來西亞、新加坡、菲律賓、緬甸、
越南、汶萊、柬埔寨、印尼、老撾，合稱東盟十國。
另有候選國：東帝汶以及觀察國：巴布亞紐幾內亞。

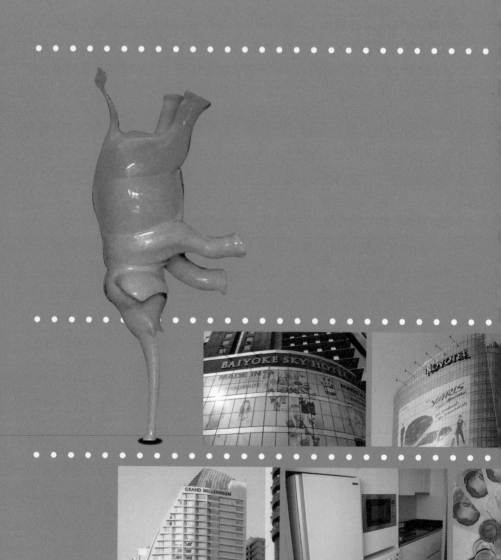

PART 3

買便宜機票，訂旅館，換泰銖

這樣出國最省錢

1. 哪裡能買到最便宜的機票？

不管是單買機票或機加酒，我們建議透過網路訂購最能省錢，省下來的費用，可以用在其他旅遊玩樂時。尤其對批貨業者而言，當然能省則省，因為這樣可將省下來的費用，拿來作為批貨時的購物經費！

目前台灣直飛泰國曼谷的航空公司有六家，分別是：

泰航　http://www.thaiairways.com.tw/

長榮航空　http://www.evaair.com/zh-global/index.html

中華航空　http://www.china-airlines.com/ch/index.html

復興航空　http://www.tna.com.tw/index.aspx

虎航　http: //www.tigerair.com/tw/zh/

威航　http: //www.flyvair.com/

專業的批貨族，要如何訂購機票最省錢呢？

首先，若想節省經費又想節省飛行時間，建議可直接購買經濟艙（Economy Class）的直飛機票。

常見訂票系統裡的票價種類（Fare type），有 unrestricted fare 和 restricted low fare，這跟機票規定有關，前者可更改搭乘日期，後者可能無法更改或需加價，如果行程確定且旅遊天數短的話，一樣是經濟艙，建議買：restricted low fare 機票即可。

unrestricted fare
「無限制」票價，機票效期時間長，可以更改搭乘日期與航班。

restricted low fare
有限制票價，機票效期短，可能無法更改搭乘日期或航班，或需額外收取費用（依各航空公司規定）。

其次，機票價格高低，會因出發日期、機票種類、使用限制、淡旺季及轉機次數而有所變動。盡量在出發前半年預定，可享有早鳥（early bird）的優惠。或接近出發日時，可查詢是否有優惠機票釋出（但此法不保險，僅適合臨時起意的批發行程）。

通常，越便宜的機票，其限制及注意事項更要仔細閱讀清楚。訂票時切記要仔細閱讀網站上特別註明的注意事項，以免萬一需臨時更換行程時，得支出額外費用喔！

2. 批貨族買機票，最常用哪些網站？

本書提供幾個推薦的機票比價&訂購網站，給想要省錢去泰國的讀者參考。

 Step 1 貨比三家！看哪家機票最便宜

我們最常用的網站之一，是 FunTime。網址是：http://www.funtime.com.tw。以從桃園國際機場出發為例，列舉出搜尋及訂購機票流程：

FunTime

1 依目的地搜尋：

出發地	桃園	▶
目的地	東南亞>泰國> BKK（曼谷）	▶
出發日期	「2014-03-01」為例	▶
回程日期	「2014-03-04」為例	▶
艙等	經濟艙	▶
航班	來回	▶

輸入完畢，按下 比價 按鈕。

② 進階篩選：

| 是否轉機 | 直飛 | ▶ |
| 選擇航空公司 | 全選 | ▶ |

③ 比價結果：

搜尋結果將依價格「由低至高」排列，需注意「票種」是否為外勞票，因為這是給外勞搭乘的，需要有證明文件，國人不適用此方案訂票喔！

以此範例搜尋出來的結果，若出發日為 2014-03-01，回程日為 2014-03-04，最便宜的票價為「12,987」元。

④ 訂購說明：需先詳閱購買限制後，確認後才訂購喔！

注意
事項

- 目前台灣直飛泰國的航空公司有：中華航空（CI）、長榮航空（BR）、泰國航空（TG）、復興航空、虎航、威航。
- 若從北部出發飛往泰國，僅能從「桃園國際機場」出發。
- 由於最便宜的票種通常為「外勞票」，千萬注意不要傻傻分不清楚就下訂了！
- 通常便宜機票所提供的搭乘時段往往是「晚去早回」，也就是很晚才出發（如：20：10），很早回來（例如上午 07：25），所以訂票時切記要看清楚時間。

① FunTime 比價首頁。

② 挑選航空公司。

③
注意票價由未稅價
④ 與稅金總合而成。

⑤

⑥
表單裡有許多限制，
需閱讀清楚後再下訂。

⑦

搜尋廉價航空是否有更便宜的機票

Skyscanner

　　我較常用來搜尋廉價航空機票的網站是：Skyscanner，網址為：http://www.skyscanner.com.tw。在此，同樣以從桃園國際機場出發為例，列舉出搜尋及訂購機票流程：

1 輸入搜尋條件：

從	台北桃園（TPE）	▶
到	曼谷素汪那普（BKK）	▶
	首選直達	▶
去程日期	「2014-03-01」為例	▶
回程日期	「2014-03-04」為例	▶
搭乘者年紀	滿 12 歲	▶
艙等	經濟艙	▶

條件設定完成後進行搜尋。

② 搜尋結果：

搜尋結果出現後若想查詢其他，可在左上方「出發時間：去程、回程」的選項中，拉選欲去回之時間點後，搜尋結果也會跟著變動。以此範例搜尋結果，最便宜的票價為「17,512」元。

詳盡的資料可供參考。

注意
事項

● 由於此範例所拉選時間為「熱門時段（早去晚回）」，故機票費用會比較高。

● 若想到泰國當地時順便申辦手機上網服務，建議到達當地時為白天上班時間，以確保電信業者櫃位有營業及提供服務。

5 查詢欲前往當月分的機票票價高低比較表：

這個比較表，可以讓使用者輕易查到當月中最便宜票價為哪一天，
Ricky 認為此功能非常貼心便民喔！

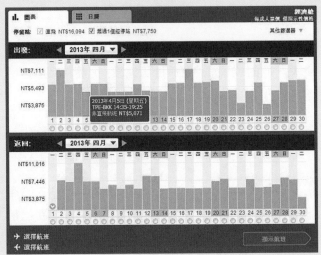

可查詢全月最低價的表單。

● 建議批貨者一定要去「扎圖扎週末市集」逛逛，故訂票時必須包
含「週六或週日」其中一天才行喔！

● 通常建議用線上刷卡付費方式，利用信用卡購買機票，可以包含
基本保險，保險內容則請自行查詢各信用卡銀行相關規定。

● 到機場辦理登機時，記得要攜帶購買機票時的信用卡或扣款卡及
附有照片之身分證或護照備查（付款卡片之卡號及姓名拼音，需
與所出示之身分證或護照完全相符）。Ricky 就曾因忘記攜帶刷
機票時之信用卡到機場，無法通過機票是否已付款之查驗流程，
差點得重買一張機票，幸好背得出當初刷卡的卡號才險險過關。

3. 批貨族，該如何選擇住宿地點？

來泰國曼谷批貨，住宿地點應以交通方便、價格優惠及乾淨舒適為最重要的三大考量因素。

針對批貨者，建議住在離自己主要常跑的批貨地點近，或選擇坐落在捷運沿線附近的飯店、旅館或民宿，便於批貨完後，能將貨品迅速送達落腳處及回去休息。

關於住宿，可在訂機票時，透過台灣旅行社幫忙訂購機票加酒店的自助行程；另一種方式，便是單訂機票，住宿方面自己再透過網路訂購。

總之，選擇住宿地點要考量自己的預算、交通便利度以及個人的需要，找到最適合自己的住宿地。如果是選住飯店者，建議白天採買已很累了，回飯店後可享受飯店的游泳池設施，讓自己泡水放鬆一下喔！

海鷗也建議各批貨業者，每次來曼谷時，可以選擇住不同的飯店，如此可以盡快熟悉更多的曼谷小型商圈哦！

以下是海鷗的客戶將他們住宿過的飯店，依地區作區分，推薦給大家參考：

水門商圈（適合來曼谷批發成衣的買家）

_1_ 曼谷彩虹雲霄酒店（Baiyoke Sky Hotel）

位於水門批發商圈的 Baiyoke Tower 2 隔壁，交通便利，樓高可以欣賞夜景，此飯店也是水門的地標。

網站 http://www.baiyokehotel.com/

曼谷彩虹雲霄酒店。

② 諾富特曼谷白金酒店（Novotel Bangkok Platinum Hotel）

諾富特曼谷飯店是連鎖飯店，世界各地設有多處分店。諾富特曼谷白金酒店位於水門批發商圈 PLATINUM（FASHION MALL）Zone3 區的隔壁，非常便利。

 網站　http：//www.novotel.com/zh/home

諾富特曼谷白金酒店。

素坤逸商圈（臨近 BTS 與 MRT 交接沿線，方便到曼谷各商圈）

① 素坤逸中心 -T21（Grande Centre Point Sukhumvit -Terminal 21）

位置非常好，緊臨素坤逸 Terminal 21 購物中心，也就在 BTS Asok 站及 MRT Sukhumvit 站交接處，交通非常便利。

網站　http://www.grandecentrepointterminal21.com/

❶ 素坤逸中心 -T21 外觀。　❷ T21 等候大廳。
❸ T21 一晚三千多元的房型，房內有冰箱、洗衣機、烘衣機、微波爐等設備。

② ▶ 曼谷千禧素坤逸大酒店（Grand Millennium Sukhumvit Hotel）

步行至 BTS Asok 站及 MRT Sukhumvit 站約 5 分鐘，交通便利，整體服務品質甚
受旅客肯定。

網站　http://www.millenniumhotels.com/grandmillenniumsukhumvitbangkok/

千禧素坤逸大酒店外觀。

拉差達能路商圈（**MRT** 沿線）

① BKK UNIQUE 民宿

台灣人開的民宿，雖然是民宿，但設備應有盡有哦！位於 MRT Param 9 站附近，周邊有中央百貨及大型購物商場，民宿也有接泊車可接送至 MRT Param 9 站，交通及生活機能非常方便。

> **網站** http://www.bkkunique.com/

BKK UNIQUE 網站首頁。

② 鑽石酒店曼谷拉差達（Diamond Residence Ratchada）

是一家平價的公寓式飯店，位於 MRT Sutthsian 站附近，飯店有高爾夫球車接送往返於 MRT Sutthsian 站，海鷗就居住在此附近，若住宿期間有需要海鷗任何協助，海鷗可以馬上就近幫忙。

> **網站** http://www.diamond-ratchada.in.th/

鑽石酒店曼谷拉差達網站首頁。

不會泰文的話，也能輕鬆訂飯店？

當然 ok！建議讀者可先至 TripAdvisor 查詢網友給予的評價及排名，作為訂房參考後，再至 Agoda 訂房網（http://www.agoda.com.tw/）線上訂房。

在此，Ricky 舉一訂房範例給大家參考：

1 選定住宿地區

Ricky 最近一次去泰國時，希望選擇住宿地點是離海鷗老師店近及靠近捷運站，經上網查詢資料後，預計想住在「鑽石飯店曼谷拉差達（Diamond Residence Ratchada）」酒店。

2 TripAdvisor 看評價：

到網站：http: //www.tripadvisor.com.tw/，先瀏覽酒店外觀、設備、環境照片後，再一一詳看社群評論。

查詢當時，這家飯店有 18 則社群評論，看過後大致上的評價都不錯，因此選定入住及退房日期後，點選「顯示價格」按鈕，進「Agoda.com」觀看訂房價格。

③ 至 Agoda 訂房：

到 http: //www.agoda.com.tw 網站上訂房。

「鑽石飯店曼谷拉差達」(Diamond Residence Ratchada)，
總評價：7.5 分 (來自 958 份住客評價)。

● 免費 Wifi：有。

● 確認房型及每晚住宿金額後，即可點選「立即預定」，填入信用卡相關資料後，
就可完成預定。

預定完成後，會收到 Agoda 寄來的通知信，記得將此憑證列印下來，帶到飯店
Check-in 時使用。

注意
事項

● 至 Agoda 訂房，雖提供線上刷卡很便利，但需支付酒店稅金和服務費。

● 若曾參加海鷗批貨教學團的團員，可委託海鷗在曼谷當地先協助處理訂
房相關事務，可省下稅金和服務費喔！

● 線上訂房刷卡的信用卡，請記得也要帶出國，方便讓飯店可以查驗。

4. 預約訂房後，一定要先付訂金嗎？

依各飯店官網或訂房網站規定而異。通常，透過訂房網站預定飯店時，大部分需使用信用卡刷全額或部分訂金，有些則是留信用卡卡號作為預約保證，等到 Check-in 時再付清即可。

至當地飯店 Check-in 時，有些飯店會再向您要求刷信用卡或現金當押金，避免入住期間客人破壞或竊取房內設施，此信用卡刷卡的費用通常會在退房後兩週內自動刷退。

至於先訂房，是的，出發前先將機票及住宿先訂好，不然若碰上旅遊旺季（通常為 12 月、1 月及寒暑假），是很有可能臨時訂不到你想訂的旅館及房間的喔！

是否需要攜帶盥洗用品？

特別注重衛生者，建議自行攜帶。大飯店通常都會提供盥洗用品，公寓式酒店則不提供。若發現飯店沒有提供盥洗用品，在等待入住時，就可以先到住宿附近的超商或超市購買即可。

住宿小費該怎麼給？

通常每日離開住宿地點時，在床頭櫃或梳妝台上放置 20 泰銖紙鈔，不要給硬幣。

此外，每日外出前，盡可能要把重要物品放入行李箱及上鎖，以確保物品的安全。

房間內是否有提供無線上網？

現在飯店、旅館及民宿業者大都會提供無線上網服務，可於訂房前查詢清楚。

得注意的是，依照你所訂的房間入住條件，有些若要使用無線網路得加價或有使用時數限制，記得訂房前要將相關規定看清楚。

到當地 Check-in 時，可向櫃檯索取無線上網之帳號及密碼。

房間內提供的水都是免費？

通常房間內都會放置兩瓶免費礦泉水供住宿者使用。有些住宿地點也會提供飲水機供住宿者自行補充飲用。

千萬不要直接生飲水龍頭的水，以確保自己的身體健康。建議批貨者出門批貨時都要攜帶充足的水，若不夠喝，隨時至超商購買或向批貨處的茶水攤小販購買，通常一瓶水是 10 泰銖。

Ricky 由衷地建議要到泰國曼谷的批貨者，就算出外批貨忙到沒時間吃飯，也要隨時留意補充水分才行喔，不然泰國終年炎熱，若不時時補足水分，可是很容易中暑的，中暑後若不能工作，可是會影響到後續批貨進度喔！

> **注意事項** 建議到住宿地點 Check-in 時，向櫃檯索取幾張飯店名片，分別放在身上、皮夾、批貨包包中，若晚上批貨到太晚需搭計程車或需請人將批貨物品送回住宿地點，可直接拿名片給計程車司機看，或打電話請櫃檯向司機說明住宿地點所在地。

5. 準備出國證件／簽證

出國前，相關證件一定要事先備齊，需要用到時才不會手忙腳亂！此外，因為必須到處跑、看貨、趕車，建議要先準備好一個袋子，再將所有證件置放在一起，方便拿取收放。

而「護照」及「簽證」是出國所需最重要的兩項證件，依照申請先後順序、申請方式列舉如下。如果你已經很熟悉這個流程，可直接跳過這個單元。

護照怎麼辦理？

◉ 所需證件：

◉ 照片：2 吋大頭照 2 張。

建議大家去照相館拍照，避免照片不符合標準而被退件，還有不要用跟證件照（身分證、健保卡）上的照片相同，因為辦理護照規定要使用近三個月的近照才能申請。

◉ 費用：1,500 元。

◉ 辦理方式：可找旅行社代辦。

護照。

觀光簽證（泰簽）怎麼辦理？

◉ 觀光簽證有效期限為三個月，抵達泰國後停留期限為首次入境起算 60 天。

◉ 所需文件：

① 有效期限「六個月」以上護照正本（少一個月都不行喔）。

② 身分證正反面影本。

③ 填妥申請表（簽證表格下載 pdf 檔，委託旅行業者代辦免填）。

④ 下載網址：http://www.tattpe.org.tw/download/4066.pdf。

⑤ 2 吋六個月內近照（白底，頭部為 3.2 ～ 3.6 公分大小）1 張。

⑥ 申請費用：觀光簽證單次為新台幣 1,200 元，建議可委託旅行社代辦以節省時間，但需給旅行社賺手續費 100 元左右。

⑦ 表格填寫：除了中文姓名以外的資訊都要以英文書寫，請先準備好下述英文資料。

- 英文姓名（需與護照英文姓名相同）。

- 護照：護照號碼、發照日期（依日／月／西元年）、護照效期截止日期（依日／月／西元年）、發照地（如 Taiwan）。

- 身分證字號。

- 國籍：Taiwan。

- 出生地：如 Kaohsiung。

- 出生日期（依日／月／西元年）：如 01 ／ 05 ／ 1980。

- 行動電話號碼：如 +886-911-123-456。

- 緊急聯絡電話號碼：如 +886-988-456-789。

- 永久戶籍地址：請至中華郵政網頁 http://www.post.gov.tw/post/internet/Postal/index.jsp?ID=207 輸入中文地址查詢。

- 赴泰目的：若是去批貨，請勾選「Tourist 觀光」。

- 預計停留天數：如 5 天。

- 預計離台日期：也就是出發日（依日／月／西元年）。

- 在泰期間住所：請輸入住宿處的英文名。

- 申請人簽名＆日期：簽中文正楷及申請日當天日期（依日／月／西元年）。

- 代理人簽名＆日期：若請人代辦，需要請代理人簽中文正楷及申請日當天日期（依日／月／西元年）。

左側表格（泰簽空白申請表）

1. 身份證影本釘於此處
請剪下相同比例之身份證正反面影印本
以訂書機釘於此處虛線框內

2.
ONE RECENT COLOR PHOTO
WITH WHITE BACKGROUND
2 INCHES
兩吋大頭月內
彩色白底近照
一張釘於框內
(護照規格)
3.2CM
3.6CM

ROYAL THAI EMBASSY
MANILA

APPLICATION FORM FOR VISA

✎ Please print or typewrite in English 請以英文書寫或打字

3. Name 英文姓名
中文姓名
I.D. No. 身份證字號
Nationality 國籍
Place of Birth 出生地
Date of Birth 出生日期 (dd / mmm / yyy)

Sex 性別 M□ F□
Occupation 職業

4. Passport no. 護照號碼
Date of Issue 護照發照日期 (dd / mmm / yyy)
Date of Expiry 護照有效期截止日期 (dd / mmm / yyy)
Issued by 發照地

5. Permanent address 永久戶籍地址

6. Mobile phone No. 行動電話號碼
Emergency phone No. 緊急聯絡電話號碼

7. Permanent address 永久戶籍地址

8. Purpose of visit to Thailand 赴泰目的
❶ Tourist 觀光
❷ Business - Single entry 商務單次
❸ Business - Multiple entries 商務一年多次
❹ Transit 過境 _____ entry(ies) 次
❺ Other 其他 (請註明)

9. Proposed duration of stay in Thailand 預計停留天數 _____ day(s) 天
Date of arrival in Thailand 預定抵達泰國入境日期 (dd / mmm / yyy)
Place of stay in Thailand 在泰國住宿地點

10. ■ I hereby declare that all the information I have furnished above is true and correct. I understand that the possession of visa does not entitle the bearer to enter Thailand upon arrival at port of entry if being found otherwise inadmissible or if the visa was fraudulently obtained. I also understand that the Government of Thailand reserves the right to disclose the reason for the disapproval of visa application.

■ Signature of applicant 申請人簽名 Date 日期
■ Signature of applicant's agent 代理人簽名 Date 日期

旅行社蓋章處
旅行社代碼

Remark 備註 :
- Visa application fee is not refundable.
- It is against Thai law for Tourist and Transit visa bearer to work in Thailand.

FOR OFFICIAL USE ONLY

Visa Classification _____ Ref : Letter / Telegram No. _____
VISA NO. _____
Date of issue _____ Valid until _____

Consular Officer

http://www.tteo.org.tw
MFA_APP_09_10_2012

泰簽空白申請表。

右側表格（POWER OF ATTORNEY）

POWER OF ATTORNEY
(委託書)

I (Mr./Mrs./Miss)...the undersigned,
(本人 先生/女士/小姐)

holding passport no. ...., authorize Mr./Mrs./Miss ....
(持有護照字號)   (委託先生/女士/小姐)

...., identification no. ....,
(身份證號碼)

to apply the visa for me.
(前來代為辦理簽證)

....
Signature of the authorize person
with his/her stamp
(委託者簽名蓋章)

....
Signature of the authorized person
with his/her stamp
(被委託者簽名蓋章)

The telephone number of the authorized person ....
(被委託者電話號碼)

* The authorized person must bring up with his original identification.
(附上被委託者之身份證正本)

簽證委託辦理申請書。

申辦地點：

泰國貿易經濟辦事處簽證組

地址：台北市松江路 168 號 12 樓。

電話：(02) 2581-1979。

時間：早上 9：00 ～ 11：30 收件，下午 4：00 ～ 5：00 取件。

切記！只有早上才收件，下午只提供取件服務喔！

● 辦理泰簽的地方是在「泰國貿易經濟辦事處」，而非「泰國觀光局」，
千萬不要搞混，跑錯地方喔！

注意
事項

- 護照請先準備至少三份影本，分別夾在護照、皮夾中，一份放在行李箱中。

- 出國時記得也要同時攜帶「身分證」、「健保卡」等身分證明資料。

- 泰國租機車時，會需要用到護照影本。

- 如果想多瞭解如何入境泰國，可以到泰國觀光局網站，從首頁>前往泰國>入境須知，就可以看到「旅客入境泰國通關須知」，包含機場交通都詳細說明。

- 如果來不及在台灣先辦好觀光簽證，只要符合適用落地簽國家之國籍人士，國籍要跟護照上是同一個國家，也可到泰國機場辦理落地簽證。需符合下列條件：護照正本（有效期間包含在泰停留 15 天內，最少需超過 6 個月以上）。停留期限不得超過 15 天。4 x 6 公分近照一張（最近 6 個月內拍攝之照片，若事先未備有照片，可在櫃檯旁攝影站拍攝）。需出示已確認之自抵泰日起算，15 天內回程機票。明確的住宿地點，飯店需有訂房資料，或在泰國期間的地址。不是被泰國政府列入黑名單的對象。落地簽證費為每人泰幣 1,000 銖整（只接受泰幣、可在櫃檯附近外匯兌換處兌換泰銖）。旅客需出示在泰期間足夠之生活費，每人至少10,000 銖，每一家庭至少 20,000 銖。並填寫簽證表格及完整之入、出境表格。若以上資料有任何一項不符規定，簽證官有權利不發給簽證，並馬上遣返回國。

- 從 2008 年開始，在泰國素汪那普機場辦落地簽處有泰國台商義警隊免費服務入境的商務人士和觀光客。泰國台商義警隊是由泰國台灣商會聯合總會第八屆總會長鄭伯卿和何素珍總召集人成立的，總共有 50 位成員，服務時間是週一～週日 13：00 ～17：00、19：00 ～ 23：00，分別於機場入境東側及西側及落地簽證處服務旅客，有機會接受台商義警隊服務時，請記得給他們鼓勵哦！

熱心服務的泰國台商義警隊。

6. 要準備多少現金？兌換泰銖還是美金？

第一次要到泰國批貨者，要準備多少錢呢？依照海鷗多年帶批貨團的經驗，建議大家至少要準備台幣 10 萬元，比較能攤平機票、住宿、交通……等批貨基本開銷成本。

而在台灣及泰國，分別要兌換多少泰銖與美金？要去哪邊兌換？以及哪邊兌換匯率會比較好？說明如下：

在台灣要先換多少泰銖？

建議先在台灣兌換一些泰銖，因為到泰國機場後，一下飛機會用到錢的地方有：

● 申辦手機門號：直奔電信業者申請一支泰國手機門號及無線上網吃到飽服務。

● 購買捷運儲值卡：方便節省往後搭捷運時的進入時間。因為泰國遇到上下班、上下學時間，人潮也跟台灣一樣多，若每次都得投幣買捷運卡，勢必會浪費不少排隊等待時間喔！

● 住宿費：到飯店／民宿住宿地點時，若不是用信用卡付款方式的話，得支付現金才行。

● 餐點費：用餐時也得支付泰銖。

至於要先兌換多少泰銖才夠用？以 Ricky 以往出差到泰國的經驗，建議可先兌換 5,000 泰銖備用，而兌換泰銖的銀行，會推薦泰國「盤古銀行」，以兌換 5,000 泰銖 為例，他們會換給：

● 1000X4 張、500X1 張、100X4 張、20X5 張。

換完 5,000 泰銖剩下的金額，建議直接帶台幣或兌換成美金攜帶出國！

Grand Superrich		01 Nov 2012 15 20 39	
ประเทศ Country	สกุลเงิน Currency	ราคาซื้อ Buying rate	ราคาขาย Selling rate
Norway	NOK	5.35	5.38
Sweden	SEK	4.60	4.63
Taiwan	TWD	1.063	1.067
Korea	KRW 50000-5000	0.0281	0.0283
Korea	KRW 1000	0.0251	0.0273
China	CNY	4.91	4.93
Philippines	PHP	0.74	0.75
New Zealand	NZD	25.20	25.30
Saudi Arabia	SAR	8.10	8.25
United Arab Emirates	AED	8.25	8.40
Qatar	QAR	8.30	8.45
Oman	OMR	79.20	80.00
Bahrain	BHD	80.50	81.60
Kuwait	KWD	107.50	108.50
South Africa	ZAR	3.45	3.60
Indonesia	IDR (:1000)	0.00315	0.00330
India	INR	0.572	0.585
Scotland	GBP	48.80	49.10
Vietnam	VND (:1000)	0.00145	0.00149
Russia	RUB	0.963	0.980
Brunei	BND	25.00	25.15
Macau	MOP	3.85	3.90

泰銖所有面額紙鈔、硬幣一覽。　　　匯率公告。

注意
事項

● 20 元面額紙鈔在泰國給小費時特別好用，像是給住宿處清潔打掃人員小費時，所以記得多預留幾張。此外，建議不要直接給 20 元泰銖硬幣，這樣感覺會比較不禮貌喔！

● 想查詢台灣兌換泰銖的匯率，到泰國觀光局網站 http://www.tattpe.org.tw，從首頁>前往泰國>兌幣與物價，就可找到。

7. 批貨族，打包行李有什麼撇步？

　　想要去曼谷批貨，記得外出行頭以輕便為主，因為幾乎整天在外奔波，建議穿運動鞋或布鞋，盡可能要保留最大的行李空間來「搬貨」。

　　建議大家可攜帶 29 吋行李箱、20 吋登機箱、側背包及大型購物袋……等。女生的話，可視自己體型及體力攜帶合適的行李箱。以下是所謂的「批貨族戰備行李」，可視自己的習慣調整：

◎ 29 吋行李箱一個

裝行李、瓶裝化妝品、刮鬍刀等電器用品。

◎ 20 吋行李箱一個

可當成登機箱，上飛機時可使用，也可增加貨品攜帶數，登機箱不得超過 20 吋，不然會塞不進飛機置物櫃！

◎ 側背包一個

視個人習慣攜帶，適合外出簡單採買東西時使用。

◎ 錢包皮夾一個

塞紙鈔、住宿名片時用。建議可將有數字的那面放同一面&同一疊，方便拿錢時辨識。建議不要所有錢都放在同一皮夾中，以免遺失時身無分文！

◎▸ 零錢包一個

　　泰國零錢有 5 角、1 元、5 元、10 元，建議使用零錢包統一置放。

◎▸ 大型購物袋數個

　　建議可攜帶大型而堅固的購物袋前往批貨血拼喔！若是購物車，有輪子的尤佳。

❶ 批貨商場內常見批貨者拉著有滾輪的購物車。

❷ 大小尺寸的批貨購物車，價格從 S 號 300 泰銖、
　 M 號 350 泰銖到 L 號 420 泰銖不等。

8. 網路辦理登機手續與劃位

對批貨者而言，時間就是金錢，得分秒必爭，若想節省登機時間，建議要先從網路「辦理登機手續」，這樣除了可節省到機場辦理登機的時間外，另外還可自行選擇比較好的位子喔！

線上辦理登機

以泰國航空「辦理登機手續」為例：

① 在出發前 24 小時，準備好之前網路訂票時之認證序號，到泰國航空官網>>辦理登機手續：

② 輸入序號後，顯示訂票者資訊，請再確認登機者姓名、航班、日期、起迄地是否正確。

輸入訂票序號。

顯示訂票者資訊
（需與護照名相同）。

③ 若想要更換座位，請點選「Seat Plan & Seat Change」按鈕：

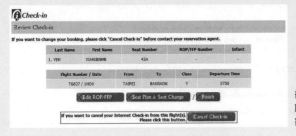

欲更換座位，點選「Seat Plan & Seat Change」按鈕。

④ 重新選擇想要乘坐的位子，越前面可以越早下飛機，
然後按下「Confirm」按鈕（打叉叉者為已被預定的位子）。

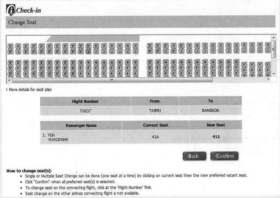

選擇想乘坐的位子。

⑤ 重新確認是否已是修改過後的位子。

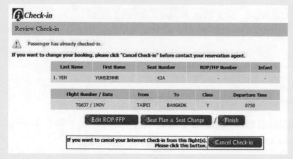

確認修改後的位子無誤。

⑥ 完成線上登機程序，點選「Print This Page」將此頁面
列印下來以隨身攜帶。

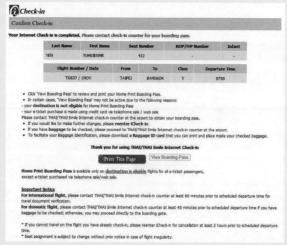

將最後線上登機確認
頁面列印下來。

注意
事項

- 線上辦理登機手續時間因各家航空而異，詳見各航空公司官網。

- 若先從網路線上辦理登機手續，這樣就可約一個半小時前到機場即可，但還是建議大家提早兩小時到，避免人多塞車。

- 若先辦理登機手續，可將位子劃好一點：「靠走道及靠登機門」，這樣班機抵達時，可快速拿取登機箱及出機門。

- 線上登機程序辦理完畢後，務必將資料列印一份下來，夾在護照中，方便登機時供機場人員查驗（或用手機拍照存檔備查）。

- 通常晚點辦理登機程序的話，行李就可以「晚進早出」（越晚被放入的行李會越早被送出來）。

- 示範線上辦理登機手續資料來源：泰國航空官網。

9. Check List

　　現在，你可能已經準備要出國了。以下提供一份 check list，建議你在出門前一晚，仔細檢視一遍。

☐ 護照（正本與影本）

辦妥泰簽後，建議準備 2～3 份影本。入住後，護照正本通常放在住宿處，外出只需攜帶影本即可（有些店，如夜店會檢查護照才讓你通行進入喔！若有需租摩托車，也需要護照影本才行）。

☐ 機票

若透過網路購買電子機票，記得把購買相關證明列印下來備用。

☐ 住宿資訊影本

至少要有住宿地之泰文名稱、地址、電話。

※ 以上三樣東西建議用一專屬袋子裝在一起，以免拿取時手忙腳亂！

☐ 衣物

簡便即可。建議帶一兩套衣物及內衣褲、襪子出門即可，因為剩下的可直接在當地買及當地換穿。若在台灣冬日時出發，還要預留置放冬天衣物的空間。

☐ 隨身藥品

感冒藥、腸胃藥、暈船藥、退燒藥 、過敏藥（若怕吃海鮮過敏的話，先準備著，萬一遇上突發狀況可救急）。

☐ 信用卡、現金（台幣、泰銖、美金）

現金請隨身攜帶，勿放在大型行李箱中託運，以免遺失。

☐ 提款卡

若有需要在泰國領錢，記得先向所屬銀行詢問如何在泰國提領現金。

□ 智慧型手機備用電池／行動電源

若你是使用 iPhone 等智慧型手機，建議將行動電源隨身帶著（這樣手機電力才可撐上一整天，方便你隨時上網查詢資料、更新 FB 近況及查詢 Google Map）。

□ 盥洗用品

牙刷、牙膏、洗面乳（若怕行李太重，可在當地購買即可，回程不用攜帶，以減輕重量）。

□ 隱形眼鏡、太陽眼鏡

◎ 其他選帶

□ 筆記本 X1

□ 筆 X2

□ 螢光筆 X1

□ 小型釘書機（方便將購物明細、發票與名片釘在一起）。

□ 釘書針。

□ 小型計算機（方便批貨時直接按數字溝通最後購買價）。

□ 筆記型電腦、滑鼠、隨身碟。

□ 相機、相機充電器、相機充電電池、記憶卡。

◎ 注意事項

□ 行李箱總重：20 公斤內，不得超過 23 公斤，不然會加算運費。

□ 登機箱總重：7 公斤內。

□ 登機入關時，不得攜帶容量 100ml 以上之液態物品，不然會被扣留在機場，瓶裝水也會被要求當場喝完或丟棄。

□ 依航空公司規定，鋰電池不能在放在行李中託運，得放在隨身行李一同帶上飛機。

PART 4

帶個「隨身助理」去泰國！

批貨族實用手機 Apps 大公開

1. 一機在手，助你泰國走透透

到泰國曼谷批貨，如果你還一手地圖，一手指南針，你就遜掉了！只拿智慧型手機就能跑透透，Fashion！

大家印象中觀光客的標準打扮，不外乎是脖子掛相機，手拿地圖或旅遊書，背著個後背包，一到某一定點後就開始找地圖看是要往左或往右，對吧！這樣一來，很難不被人識破你是外來觀光客了。

況且，若是要去泰國曼谷批貨工作的讀者，手上隨時拿著地圖，這樣豈不是很不方便？此外，店家若看到你手拿地圖，就也知道你是批貨新手，可能就不會第一時間給你很「漂亮」及「阿莎力」的價格喔！

常用的幾種 App

　　根據 Ricky 多次去泰國的經驗，建議大家，若要去泰國批貨，其實只要能「一機在手」，就能泰國跑透透啦！至於是哪一機那麼……神奇？其實就是「智慧型手機」啦！

　　隨著智慧型手機的普遍，現在幾乎人手一機，作生意的人，甚至還有可能另外配備一隻工作專用手機，除了智慧型手機外，另外重要的就是申請使用「手機上網吃到飽」服務。也就是說，每個月繳固定電信費用，就可無限使用行動上網服務。當這兩者基本條件具備後，接下來 Ricky 要針對批貨業者所需具備及可能會常用到的，介紹好用的手機 App 應用軟體啦！

　　以 Ricky 使用的 iPhone6 Plus 智慧型手機為例，下面介紹的好用 App 軟體，若您要下載，可按手機內建的「App Store」鍵，去搜尋 App 的關鍵字，找到正確對應的 App 軟體圖示後，即可下載使用，不過要注意的是，有些 App 軟體是免費，而有些得付費才能使用喔！

　　大家可依自己需求，出國批貨前將會使用到的 App 軟體先都下載註冊好，放在同一手機畫面，甚至同一屬性的 App 可歸檔存放在同一資料夾中，出國時就可隨時開啟使用喔！

2. 曼谷旅遊 Guide (NT$ 30)

　　由香港美麗華旅遊策劃、泰國旅遊局全力支持推出的這款「曼谷旅遊 Guide 」App，可以讓大家旅遊曼谷時，享受無重自由行、體驗手機旅遊新樂趣！

　　「曼谷旅遊 Guide」在泰國旅遊局全力支持之下，實地採訪超過 500 個美食、購物、玩樂及住宿等曼谷旅遊景點，蒐集分布於曼谷的 12 大必去地區，讓 4 天 3 夜的曼谷行程十分精采，可以到智慧型手機的 App Store 下載（目前僅有 Android 版本）。

　　「曼谷旅遊 Guide」共有 2,300 張圖片，每個景點均設有在線／離線地圖，加上實景拍攝的短片，讓使用者可以輕鬆制訂行程、安心旅行！這款 App 也定期更新，介紹曼谷旅遊最新、最潮、最好玩的景點，也提供了美麗華旅遊舉辦的旅行團及自由行優惠。

特色

1 第一次去曼谷，人生路不熟！

「曼谷旅遊 Guide」提供簽證、機票、機場交通及市內交通等實用資料，超過 60 間曼谷住宿推介，分「至尊享受」、「精選推介」等項目，適合不同需求的自由行旅客。

② 最怕文字了！會不會很悶？

「曼谷旅遊 Guide」提供超過 2,300 張圖片介紹，部分精采景點更有真人配音的短片介紹，協助了解景點才出發。

③ 曼谷這麼大，怎樣才能玩得盡興？

專人實地採訪曼谷超過 500 個景點，蒐集分布於曼谷 12 個分區的各式美食、觀光玩樂及購物景點，幫助使用者輕鬆制訂行程。

④ 超過 500 個景點，該如何為自己制訂行程？

若怕太多選擇，選擇編輯推薦的「精選遊樂」最適合，這單元設有各類人氣推介，包括「掃貨熱點」、「嚴選泰菜」、「人氣 Spa 專區」等。

手機預覽畫面

曼谷旅遊 Guide

3. BKK Metro（免費，泰文）

這款 App 將泰國兩大主要捷運系統：BTS（空鐵）及 MRT（地鐵）各站站名都列出，並提供起迄站搭車費用試算功能。

不過由於是泰文版，所以讀者使用時，請先作些功課，知道自己要前往的所在地站名的英文＋數字，如：E1 代表的 BTS 線 Chit Lom……，這樣一來使用此 App 時就能如虎添翼囉！

> 手機預覽畫面

BKK Metro。

★ App Store 下載及內容來源：https://itunes.Apple.com/th/App/bkk-metro/id404983761?mt=8

4. 泰語我會說（免費）

　　內容為四合一版本，簡單易學，從最淺顯單字、句子開始，由淺入深。包含泰文、泰語的常用句子、單字，是居家自學常備參考資料；亦是泰國自助遊、旅行應急時必備的溝通小冊子。

　　泰語聽起來其實很親切、很有趣，這款 App 可以讓大家輕鬆學會初級泰語口語，簡單說泰語。泰語發音聽起來和台語、客家話、廣東話有幾分相似，會這些語言的人來學泰語會有幾分優勢喔！

手機預覽畫面

泰語我會說。

★ App Store 下載及內容來源：https://itunes.Apple.com/us/App/tai-yu-wo-hui-shuo/id545062959?mt=8

5. iPhone 搞丟了怎麼辦？

這功能最好不要用到，因為需要用到此功能時，代表——你手機不見啦！但以防萬一，若你手機中存有重要訊息，卻又真的遺失找不到時，你就可傳送訊息以助於將手機取回，或是從遠端清除手機中的所有資料。

如何操作

1 先登入 Apple iClud：

https://www.iclud.com/

2 按下「尋找我的 iPhone」。

③ 找到後，會在地圖上顯示你的手機位置（綠色圓點處）。

④ 點綠色圓點，可選擇「播放聲音」、「遺失程式」或「清除 iPhone」。

注意
事項　若你是出門在外也與親友同行，可透過別人的 iPhone 手機
　　　使用「尋找我的 iPhone」App 來尋找手機喔！

相關功能詳細簡介，請上：

http://www.Apple.com/tw/icloud/find-my-iphone.html ▶

6. Google 地圖

請至 Google 地圖、登入：

http://maps.google.com.tw/

●若無 Gmail，請先「申請」，申請完畢後請「登入」Google 地圖：

Gmail 申請網址（免費）：

https://accounts.google.com/

1 登入後，點選「我的地圖」。

2 點選「建立地圖」（藍色筆圖示）。

③ 輸入「標題」、「說明」、「權限設定」及「合作者（分享權限，讓同行者可一起規劃這份旅遊地圖）」相關設定

④ 設定完後。本書範例 Google 地圖名稱為「泰國曼谷 (BKK) 旅遊景點行程規劃」

接下來，一一把自己想去的旅遊景點，藉由「Google 搜尋」，加入至「泰國曼谷（BKK）旅遊景點行程規劃」旅遊清單中吧！！

使用方式如下：

① 搜尋旅遊關鍵字，如：
「泰國四面佛」。

② 確定正確地點座標後，
按「新增至地圖」。

③ 接下來搜尋到
「SUPERRICH」後，
也新增至地圖。

④ 兩點座標設定完成，
按「新增步行路線」。

⑤ 由 A 點走至 B 點路
線設定完成。

⑥ 點選上方「測量距離」
功能，得知兩地點之間
距離 495 公尺左右。

備註　當必去、想去之景點一一列出後，就可依照其遠近，規劃前往的時間及路線囉！

如：出捷運，可先排拜「四面佛」，拜完後，去「SUPERRICH」兌換泰銖，路線根據 Google Map 路線規劃，約走 495 公尺。

Google 地圖行動導覽使用教學

限使用智慧型手機者，以 iPhone4 使用介面為例

① 打開手機網頁「Safari」，輸入網址：

maps.google.com.tw

點選「我的地圖」。

② 選擇「開啟地圖」。

③ 可看到先前在網路上設定的旅遊景點座標及路線規劃。

④ 透過路線規劃，得知兩地點距離 492 公尺，步行 6 分鐘可到達。

7. Google Maps App

Google Maps App 提供了在地服務搜尋、語音路口導航提示、大眾運輸路線、街景服務以及其他實用功能,可取得正確詳盡且簡單易用的地圖資訊。

登入 Google 地圖後,就能將最喜愛的地點直接儲存在手機中,並快速存取電腦中的所有搜尋紀錄和路線指引。

◉ 搜尋

- 使用 Google 在地服務搜尋功能,能尋找泰國曼谷批貨點的地址、地點和商家。
- 透過其他使用者評分和在地服務評論,可找到吃喝玩樂與購物的推薦地點。
- 登入後,可同步處理電腦和手機中的搜尋紀錄、路線指引以及喜愛的地點。

◉ 路線

- 取得行車路線的語音路口導航提示。
- 找出搭乘火車、公車、地鐵的路線以及步行方向。
- 瀏覽泰國曼谷的即時路況資訊。

◉ 街景服務和圖像

- 透過「街景服務」瀏覽泰國曼谷各地的 360 度全景圖。
- 查看泰國曼谷商家的內部圖片。
- 查看泰國曼谷的高解析度衛星圖像。

◎ 簡單易用

- 專為 iPhone 使用者全新打造的 Google 地圖服務。

- 介面經過簡化及全新設計，讓使用者輕鬆行遍天下。

- 透過操作手勢即可探索地圖並瀏覽結果。

App Store 下載：

https://itunes.apple.com/tw/app/google-maps/id585027354?mt=8 ▶

使用方式

① 登入 Google 帳號後，可依照「路況」、「大眾運輸」、「自行車」、「衛星」、「地形」及「Google 地球」分成六種觀看瀏覽模式

② 透過先前儲存的地點，找到「四面佛」這地點

③ 設定好起點「四面佛」，終點「SUPERRICH」

④ 設定完畢，地圖畫面顯示若用走路模式，需要 6 分鐘（500 公尺）

注意
事項
建議直接安裝「Google Maps App」，
會比網路版的「Google 地圖」好用喔！

PART 5

強勢防身，萬無一失

先做好功課
是成功的第一步

1. 去泰國批貨，哪個季節最合適

泰國國土就像一個象頭，北、中部是頭，從碧武里往南延伸的領土就像大象的長鼻子，南接馬來西亞。

泰國國土涵蓋了亞熱帶與熱帶緯度面，氣候屬於大陸型海洋氣候，一年只有三季（夏季、雨季、涼季），跟台灣的四季（春、夏、秋、冬）是不一樣的。

泰國的佛寺。

❶ 泰國街頭象神。

❷ 泰國四面佛寺內。

曼谷位於泰國中部，常年均溫在攝氏 32 度左右，若來曼谷批貨採買，無論是家飾品、家具、包包、鞋子等個性商品，全年都是相當適合的好時間。但若是服飾業的買家，則應配合台灣的天氣型態，海鷗建議最適合來泰國採買的季節是 2 月中旬以後，正好趕上台灣邁入夏季前的換季時間，由於泰國是熱帶國家，全年氣候如夏，服飾類以夏季服飾為主，其夏季服飾選擇性較多。

依據海鷗的經驗，每年的 2 ～ 8 月是台灣服飾業者來泰國採買的旺季，由於曼谷銷售冬裝的商家不多，而且這些商家所進的冬裝 9 成都是從中國進口的，因此，海鷗不建議批貨業者來曼谷採購冬裝，在台灣進入冬季時，可以來採購泰國設計師包包或銀飾品來搭配銷售。

2. 如何在當地兌換泰銖？

通常一到泰國，將行李放到投宿的地方後，第一個行程排的就是先去兌換泰銖。在泰國，時常可看到兌換泰銖的地方，但哪個地方兌換最划算、可換到最多泰銖？建議大家可去「SUPERRICH」或附近新開的「Grand Superrich」進行兌換喔！

SUPERRICH 怎麼去？

1 搭捷運 BTS 至 Sukhumvit 線在 Chit Lom（E1）站下車（請注意：泰國捷運名稱若遇兩條不同捷運線之交叉重疊點，同一站可能會有兩個不同名稱）。

BTS 空鐵 E1 站為 Chit Lom 站。

② 從 1 號出口出站，然後走連結的天橋走進 GAYSORN 百貨的 3F，
接著下樓梯至到 1F。

❶ Chit Lom 站往 1 號出口。 ❷ Chit Lom 站連結百貨公司的天橋。 ❸ GAYSORN 百貨外觀。

③ 從 GAYSORN 百貨另一邊出口出
去，往前直走即可經過 Big C Mall
（類似台灣的家樂福，要買送給親友
的食物、用品在此幾乎都有，而且
比較便宜喔）！

Big C Mall 外觀。

④ 經過 Big C Mall 後,再往前走,會看到「李海泉海鮮餐廳」紅色招牌。

⑤ 看到招牌後右轉進入巷子,巷子左側即可看到「SUPERRICH」綠色招牌啦!

李海泉海鮮餐廳。

顯眼的「SUPERRICH」綠色招牌。

⑥ 「Grand Superrich」就在「SUPERRICH」巷子直走到底左轉不遠處。

Grand Superrich 招牌。

Grand Superrich 外觀。

● ● ● ● 　貼心叮嚀

💬 由於「SUPERRICH」及「Grand Superrich」兩者相離不遠，建議可先查看兩者匯率電子看板後，再決定要在哪邊兌換泰銖。

💬 兌換泰銖時，會要求出示護照影本，他們會影印備查。

💬 請將兌換的紙鈔擺放方向統一，不然櫃檯人員會要求你擺放成統一後再進行兌換喔！

💬 建議直接帶新台幣去泰國兌換泰銖即可。

💬 若要兌換成美金後再去泰國換泰銖。美金面額需以 100 元進行兌換，匯率會比較好喔！

💬 將錢兌換成泰銖後，務必要留在櫃檯將錢點清後再離開。

Grand Superrich		01 Nov 2012 15 20 39	
ประเทศ Country	สกุลเงิน Currency	ราคารับ Buying rate	ราคาขาย Selling rate
Norway	NOK	5.35	5.38
Sweden	SEK	4.60	4.63
Taiwan	TWD	1.063	1.067
Korea	KRW 50000-5000	0.0281	0.0283
Korea	KRW 1000	0.0251	0.0273
China	CNY	4.91	4.93
Philippines	PHP	0.74	0.75
New Zealand	NZD	25.20	25.30
Saudi Arabia	SAR	8.10	8.25
United Arab Emirates	AED	8.25	8.40
Qatar	QAR	8.30	8.45
Oman	OMR	79.20	80.00
Bahrain	BHD	80.50	81.60
Kuwait	KWD	107.50	108.50
South Africa	ZAR	3.45	3.60
Indonesia	IDR (:1000)	0.00315	0.00330
India	INR	0.572	0.585
Scotland	GBP	48.80	49.10
Vietnam	VND (:1000)	0.00145	0.00149
Russia	RUB	0.963	0.980
Brunei	BND	25.00	25.15
Macau	MOP	3.85	3.90

匯率電子看板。

3. 智慧型手機 如何行動上網？

　　出海關領取行李後，在離開機場前，可至機場 7 號閘門旁的 DTAC（泰國電信廠商），去購買智慧型手機專用的 SIM 卡（目前有推出各款手機的 SIM 卡），可以把手機直接交給櫃檯的服務人員安裝即可。

DTAC 費率優惠訊息看板。

行動上網費用

SIM 卡 購買費	通常會連同行動上網費、電話資費不定期給予優惠價格，請洽櫃檯服務人員（2014 年底的方案是無限上網 7 天吃到飽，再贈送 100 銖通話費，總共 299 泰銖）。
SIM 卡 行動上網費	手機上網吃到飽一天只要 49 銖。若辦理台灣電信業者的行動漫遊服務，費用可是一天好幾百塊，幾天下來，等於就少買幾件衣服了！
SIM 卡通訊費	打多少算多少，計費方式請洽櫃檯服務人員。

若已有泰國門號 SIM 卡者，建議可直接儲值即可。

如合用泰國 SIM 卡打電話？

撥泰國市話：例如泰國市話為 02-6933800，即用手機直撥 02-6933800 即可。

撥泰國手機：泰國的手機號為 0869-836-660，用即手機直撥 0869-836-660 即可。

撥電話回台灣：打電話回台灣，則依電信公司的規定撥打 004（或 008、009 各公司不同）＋ 886（台灣國碼）＋區碼去 0 ＋家中或個人電話號碼，以打到台北市為例，即 004 ＋ 886 ＋ 2 ＋ 2777-7777。

注意
事項

特別注意，因為是使用泰國手機門號來行動上網，

若您想使用原本台灣門號設定的即時通訊軟體，

如 Whatsapp，一開啟時系統會問你是不是要更換成這泰國新門號，

記得要按 否 ，以免原本相關設定跑掉！

智慧型手機如何儲值？

以「True Move」電信自動儲值機為例，
既方便又快速喔！
儲值流程如下：

① 找到「True Move」自動儲值機。

② 按第一個按鈕。

③ 按第三個儲值選項。

④ 輸入手機號碼。

⑤ 選擇自行輸入儲值金額。

⑥ ▶ 輸入儲值金額，如：100 泰銖。

⑦ ▶ 確認資料無誤後，按下「確認」鍵。

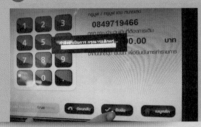

⑧ ▶ 再次確認儲值金額。

⑨ ▶ 放入紙鈔。

⑩ ▶ 或選擇信用卡刷卡儲值。

⑪ ▶ 若 使 用 DTAC 門號，當手機餘額不足時，可至超商購買 100 元 Happy 儲 值 卡片，先刮除銀漆得到密碼，然後手機輸入序號及密碼即可儲值成功。

4. 如何搭乘
泰國交通工具?

　　為方便讀者們批貨，本書介紹的批貨或住宿地方，大都在捷運站附近，少數需再搭乘計程車、船、嘟嘟車及摩托車。接下來，我們來看看以下說明，會對泰國捷運、計程車、摩托車、嘟嘟車等交通工具有基本的認識。

機場捷運 Airport Rail Link

到泰國蘇汪那蓬機場後，在行李還不多不重的情況下，若要省交通費，建議可先搭乘機場捷運（Airport Rail Link）進入市區，搭乘地點在機場地下1F。

①　尋找前往機場捷運（Airport Rail Link）的標示牌。

②　機場至捷運有運輸帶方便行李託運。

③　依照欲前往地點，購買捷運儲值硬幣。

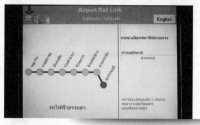

④　選擇搭乘人數。

⑤　可選擇放入紙鈔。

⑥ 或選擇投幣。　⑦ 捷運儲值硬幣及零錢出口。

⑧ 捷運儲值硬幣購買須知。

⑨ 拿到捷運儲值硬幣。

◉ 若要轉 MRT 捷運（地鐵）系統，請至 Makkasan 站下車及換車。

抵達 Makkasan 站後，請先出站。

搭手扶梯或電梯至 1F 出口。

到 1F 後，請依照指示牌前往 MRT（Subway）。

抵達 MRT Phetchaburi 站。

由 MRT Phetchaburi 站 3 號出口入內轉搭 MRT（地鐵）捷運。

　　此外，泰國曼谷捷運主要可分成 BTS（空鐵）及 MRT（地鐵）兩種，BTS（空鐵）如同台北的文湖線，為高架；MRT（地鐵）如同台北的板南線，為地下化捷運。

　　因為此兩捷運並不相通，若遇到交會處，需出站後再換車搭乘，也因此雖在同一地點，但站名也會有所不同！要特別注意。

❶ BTS 捷運車廂。

❷ BTS 捷運：
　顯示各站站名。

❸ 捷運搭乘硬幣購
　買處（單次搭乘
　適用）。

❹ 適用投幣的面額。

❺❻ BTS 捷運儲值
　　卡種類。

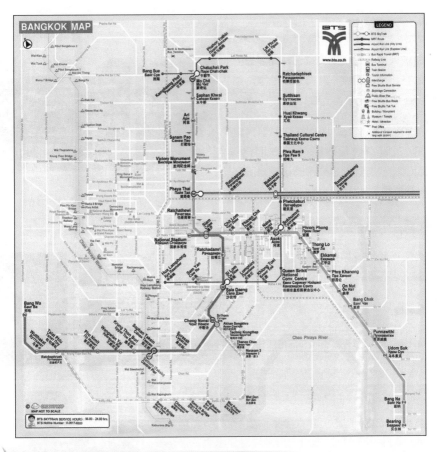

摩托車

泰國路邊常見摩托車載人服務，適合「短程」路途使用，在各批貨市場附近也會見有摩托車運貨服務。但是建議大家要稍懂泰文或已熟知要去的地方路線再搭乘，建議先談妥欲前往所在地之費用後再上車！

❶ 批貨商場常見的機車託運服務。
❷ 等待進行機車託運服務的司機們。

嘟嘟車

建議大家要稍懂泰文或已熟知要去的
地方路線再搭乘,建議先談妥欲前往
所在地之費用後再上車!

例如從 China Town(中國城)到大皇
宮,去程搭計程車約 60 泰銖而已,
而回程欲搭計程車或嘟嘟車竟喊價至
400 泰銖!

曼谷常見的嘟嘟車。

交通船

此交通船性質類似泰國的公車,優點
是快速不塞車。

❶ 若要搭船至寶馬成衣市場,就是搭此交
通船。

❷ 上船後,會有專人詢問你欲前往所在地
及收費,收費完會給收據。

計程車

因為泰國的計程車五顏六色,不像台灣是以黃色來標
示,欲搭乘時,以海鷗以往搭乘經驗建議大家沿路舉
手叫車,盡量不要找路邊已停好的車輛(因為這些計
程車多不接受跳錶,以直接叫價為主),上車前,請先
詢問司機是否知道欲前往所在地,建議直接拿名片或
紙本泰文地址資訊給司機看,以確保司機真的理解你
欲前往所在地。

泰國街頭的計程車,也是批貨者常
用交通工具。

若司機不跳表計費(By meter),可以再換一部計程車
即可。計程車的車資從 35 泰銖起跳,
每跳一次增加 2 泰銖。

貼心叮嚀

- 基於安全考量，MRT 地鐵目前都設有安全檢查哨，若經過時發出嗶嗶聲響，只要打開隨身包包、行李給安檢人員檢查一下即可，無須太過慌張！

- 泰國捷運與台灣不同處在於各捷運站並沒有提供廁所。若有需要，請先至捷運附近商場或百貨公司尋找使用喔！在曼谷市區百貨公司及賣場使用廁所是免費的，但在公車站、市集等一些地方可能是需要收費的，費用約 2 ～ 5 泰銖不等。

- 由於泰國捷運的閘門關閉速度比台灣快很多，刷卡後請盡快通過，以免被夾到！

- 若拖行大件行李要過捷運，可先通知捷運站務人員，讓你先刷卡，然後他們會開旁邊閘門讓你及行李一同進入！

- 批貨回程若從 MRT 要轉機場捷運時，由於需走一小段路程，通常身上會拖著沉重的批貨行李，這時建議大家直接請飯店或住宿地業者幫忙叫計程車前往蘇汪納蓬國際機場（Suvarnabhumi Airport），這會是比較安全且合適的交通選擇。從曼谷市區至機場大概要 40 分鐘到 1 小時，通常計程車會走高速公路，過路費（50 泰銖）需由乘客自行支付，全程費用大約是 200 ～ 400 泰銖（實際費用依距離遠近和跳錶計算），請注意要避開上下班尖峰時段，以免遇到塞車而造成延誤登機，請提早 2 ～ 3 小時前抵達機場，以便辦理 Check in、託運行李、退稅事宜。

5. 出發批貨前，用力牢記 11個重點！

　　商場如戰場，出門批貨當然要注意自己的安全，以及正確的談判技巧。以下 11 點，是以常看到的泰國批貨案例中所歸納出來的重點作為提醒，出門前，記得複習一下吧！

1 ▶ 務必注意護照證件的保管安全。

2 ▶ 批貨業者身上的現金較多，請務必小心錢財的擺放，最好分放置不同處會比較安全，千萬不可把錢包側背或後背。

3 ▶ 批貨以現金交易為主，雖然有些店家可刷卡，但某些店家需多收取 3％ 手續費。

4 ▶ 準備可拉式的購物袋車，方便攜帶大量批貨商品。

5 採買過的店家，可以請店家開收據並將店家名片釘在一起，自己用中文註明商品名稱，以便下次再來泰國曼谷採買或是請海鷗幫忙追加商品時，可以快速的找到店家及商品。

8 外出務必帶飯店名片，以方便採買後需搭計程車回飯店時，可以告知計程車司機地址及飯店相關資訊。

6 泰國是熱帶國家，全年如夏，批貨時盡量著輕便服裝，最好穿好走的運動鞋。

9 泰國人最尊敬的是泰皇及僧王，所以於其肖像前，千萬不可用手指比劃。

10 泰國是以雙手合十打招呼，若對方向你打招呼，需微笑以相同動作回禮。

7 請注意水分的隨時補充及作好防曬措施，避免中暑，影響後續的批貨行程。

11 泰國人不喜歡於公共場所大聲喧譁，在公共場所請注意自己的音調。

6. 批貨小撇步 大公開

如果你是經驗豐富的批貨業者，相信你已經身經百戰。但來到泰國，還是有些跟別的國家不太相同的特色。以下小撇步，也許你能派上用場，如果你已經會了，就當作是複習複習自己的技巧吧！

❶ 第一次只買小量試賣。

❷ 把買過的店家收據和名片釘在一起，加上商品名稱。

❸ 適當運用一般零售價、一般批發價、特殊批發價購買物品。

❹ 還沒買時不要一直殺價。

❺ 一次採買準備 10 萬以上金額，便於攤提成本。

❻ 商品盡量自己搭機帶回，可省運費。

❼ 把採買貨品盡量集中在一家店家再一起運回飯店或貨運公司。

① 首度來泰國曼谷批貨的買家，因為還不確定自己要採購商品的方向，建議可以先到每個批貨商場去逛逛，選擇自己覺得不錯及符合國人喜好的商品，每樣商品都先買小量回台灣試賣看看，待商品販售反應良好，再自行前來第二趟採買或請海鷗幫忙代買。

② 採買過的店家，請店家開收據再把店家名片釘在一起，最好盡快用中文註明在該店家採買的商品名稱，以便下次再來採買或是請海鷗幫忙追加商品時，可以快速的找到店家及商品。

③ 曼谷批發商場的價格一般分為 3 種：

一般零售價：適用於在該商家採購混合商品 1 ～ 2 件。

一般批發價：適用於在該商家採購混合商品 3 ～ 6 件。

特殊批發價：以衣服為例，特殊批發價的價格會比一般批發價每件再降 5 ～ 10 銖不等，但每個商家對此價格要求的件數不一，有的商家是 12 件以上，有的商家是 24 件以上，有的商家甚至是 36 件以上。

④ 在曼谷批發商場的店家並不喜歡買方還沒買時便一直殺價，當商家給的是特殊批發價時，便很難再降價了。

⑤ 親自來泰國採買的買家，以商品採購成本考量，一次採購的商品金額，至少準備 10 萬以上會較划算，因為需考慮來泰期間的機票，住宿……等費用因素，所以，若以攤提成本來計算，一次購買金額愈多會愈划算。

⑥ 海鷗建議讀者自己來泰採買的商品，可以自己搭機帶回的就盡量自己帶回台灣，這樣可以省下一些運費，若真的帶不回的商品，再用寄的，海鷗可以協助處理後續貨運問題。

⑦ 批貨過程中，買家可以將所有採買的貨品，盡量集中在一家店家，待採購結束後，請店家幫忙聯絡送貨員，送貨員便可幫忙送至貨運公司或住宿飯店，收取費用約 150 ～ 200 銖（視路程決定金額）。

⑧ 泰國是一個收取小費的國家，各服務業的服務生都有收小費的習慣。因此，可適當給予服務生 20 泰銖小費，將會得到更好的服務。

119

7. 買餐券儲值卡，方便吃飯去

在批貨期間的用餐，海鷗建議不需捨近求遠，可以看當時正在哪裡採買，就直接在批發商圈的美食廣場用餐就可以了。

至於晚餐可以在飯店附近找一兩家覺得較不錯的餐廳用餐，以慰勞自己白天批貨的辛勞，海鷗建議盡量於住處附近區域找當地美食。

泰國自 2003 年立法通過全國各地所有「室內」餐廳、咖啡廳、酒店全面禁菸，違者罰款 2,000 泰銖，這點請各位癮君子讀者要特別小心！

若讀者在批發商圈的美食廣場用餐，都需先購買餐卷儲值卡，以下示範如何購買餐券儲值卡及如何消費：

購買餐券儲值卡

先尋找美食廣場儲值卡櫃檯進行餐券儲值卡購買，
一個人建議可先買 200 泰銖，不夠時再進行儲值即可。

點餐

到自己欲點菜之店家攤位上，看店家上方廣告看板或菜單，點菜後，將儲值卡交給店員過卡扣除金額。過卡後，店員通常會連同卡片給一張點菜收據，上面會列印本次消費金額及所剩金額。

退費

當吃飽要離開時，再將卡片送交儲值卡櫃檯進行退費即可。

❶ 店家圖文標示清楚，不懂泰文也無妨。

❷ 可於退款區退費。

8. 怎樣辦退稅？

在泰國旅遊購物（各大百貨公司）時，如果該商店有「VAT REFUND FOR TOURISTS」的標記，就可以申請退稅。2014 年泰國退稅新規定：

1. 從原來一律退 7%的稅，改為階梯式退稅法，退稅比率從 4%～6%，買的越多退的越多。例如購買 2,000 泰銖可以退 80 泰銖，購買 10,000 泰銖可以退 500 泰銖，雖然退稅比率變少，但是原本不論退多少錢都要收取 100 泰銖的手續費取消了，也就是實拿全部的退稅金額。

2. 想要退稅的人必須是搭乘國際航空入境，坐船或偷渡進來的不行。

3. 必須攜帶著購買的物品在 60 天之內出境離開泰國。

4. 非航空公司職員才能辦理退稅。

5. 違禁品及蔬果類不可退稅。

6. 奢侈品（如珠寶、黃金、飾品、手錶……等），只要價值超過 10,000 泰銖以上，遊客必須攜帶這些物品和退稅單親自讓海關人員檢驗。

退稅程序

① 拿著購物收據，前往各百貨公司的退稅櫃檯（TAX REFUND）。

② 到了櫃檯後，填一張黃色單子，上面要用英文填寫上：姓名、護照號碼、出境班機、住家地址及簽名。

③ 把所有退稅的黃單收好，到了機場，要先把黃單拿去給海關蓋章（要退稅的東西必須帶去，有時候他們會抽查，建議辦完此程序後再去託運行李）。

④ 蓋好章的退稅單要等過海關後，到裡面的退稅櫃檯領現金。

商店中有此標示代表可以申請退稅。

機場中的退稅櫃檯。

PART 6

一次逛遍流行服飾四大重鎮

買一打，不必買一百

1. 四大商圈就夠逛了

泰國是熱帶國家，全年氣候如夏，因此流行服飾以夏裝為主，雖然10～12月間有些設計師會推出秋冬款，但數量並不多，且因為氣候關係，泰國流行服飾是以設計剪裁穿著舒適、布料柔軟的短洋裝為主，在泰國本地的消費同樣以短洋裝銷售業績較好。

近幾年，泰國新興服裝設計師從扎圖扎週末假日市場的門市竄起，這些新興設計師大都自創品牌，從 LOGO 設計到服裝的打版畫圖，都親自規劃與參與。

每位新興服飾設計師，都非常有自己的創作風格。新興服飾設計師和在 Siam center 專櫃設計師的作品最大不同點，是在他們的價格優勢。新興設計師作品價格比較親民平價，且批發門檻不高，大都是現貨一次購買 12 件，就可以用批發價採買，若要下訂單的話，只要數量達到設計師規定最低門檻（通常是 20～30 件）就可以持續接受訂單。

如果你是入門新手，那麼不必冒著太大風險到處找商店，基本上在未來數年內，光是下列這四大商場，應該就足以滿足你的需求了。四大商場分別是：

水門商圈 Pratunam Market	寶馬成衣批發商場 BO BAE TOWER
扎圖扎週末假日市場 Chatuchak Weekend Market	Terminal 21 SHOPPING MALL 泰國新起的設計師專賣櫃多設在 3F

這些批發商場多半要用現金交易，雖然有些店家可刷卡，但要多加 3% 手續費，因此海鷗建議批貨業者，還是帶足現金來採買比較划算。

成衣批發方面，只要在該店內各種商品混合 3 件就可以批發價採買，但若數量有 1 打，也就是 12 件以上，批發價格會再便宜些。

要注意的是：在泰國，一般來說你買 1 打 12 件與 100 件以上的價格是一樣的，並非買得愈多會再更便宜。所以，習慣以量多來殺價的買家在泰國是吃不開的，這一招對泰國人是沒用的，且他們會很反感。

飾品方面，每款價格都不同，如果款式後面有寫 2 種價格，則分別是零售價與批發價。當然，價格較便宜的就是批發價囉！一般若買較大量的話，有些店家除了批發價外，會再打 9 折，店家會看採買數量再決定折扣。

2. 水門商圈

水門商圈為到泰國批服飾業者必去之地，這裡包含有以下九個地方。

① PLATINUM（FASHION MALL） P130-131	② PALLADIUM P132-133	③ PLATINUM PRATUNAM P134-135
④ BAIYOKE TOWER 2 P136-137	⑤ CITY COMPLEX P138-139	⑥ GRAND DIAMOND PLAZA P140-141
⑦ INDRA SQUARE PLAZA P142-143	⑧ SHIBUYA19 P144-145	⑨ 金國芭莎 P146-147

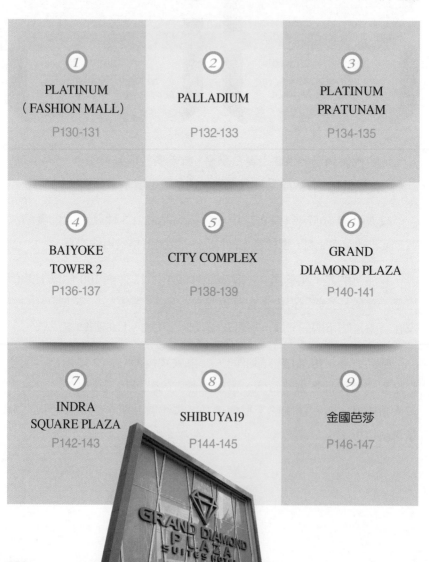

　　水門商圈主要提供流行服飾，個性化小商品及設計師商品批發，以簡要地圖標示便利確認位置所在。

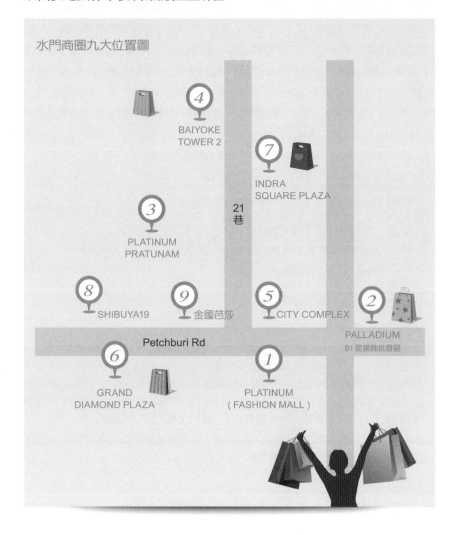

PLATINUM（FASHION MALL）

水門 PLATINUM（FASHION MALL）分為 Zone1、Zone2 及 Zone3 區，Zone3 區樓下有麥當勞並緊鄰著 2012 年元月剛開幕的 NOVOTEL PLATINUM HOTEL，1F 及 2F 多是流行女裝，3F 及 4F 以包包、鞋子與手飾為主，1F 及 2F 有幾家設計師服飾店各有特色哦！Zone1、Zone2 區的 5F 有飾品及兒童服飾區，因為飾品較多元化且價錢不一，所以在採購飾品時，可以看背面的標價，通常會有 2 個標價（批發價與零售價，較便宜的是批發價）。水門商圈目前進駐的服飾不單單只有泰國製的，也有中國製與韓國服飾，要如何辨識是泰國製的呢？除了看衣服上是否有"MADE IN THAILAND"產地標外，若商家的服飾設計感呈現同系列式的，則是泰國設計師的店，這裡 1F 設有店家查詢機，只要你清楚要找的店家，在機器輸入店家名稱資訊後，就會跑出一張店家詳細位置資訊紙條，十分便利。

官網	http://www.platinumfashionmall.com/
營業時間	營業時間每天 10：00 ~ 19：00，每週三、六批貨日，有進新貨的店家會提前營業，營業時間是 8：30 ~ 19：00。

如何前往？

1. 搭計程車的話，跟計程車司機說「By 巴都南」就可以。
2. 搭乘 BTS 在 Chit Lom 站（E1）下車，由 6 號出口出站，沿著空中步道往 Central World 百貨公司方向走，沿途會經過右邊的 Gaysorn Shopping Centre 與左邊的四面佛，然後從空中步道進入 Central World 百貨公司，而後從 ISTAN 百貨公司走出後左轉直走過橋，可以看見 NOVOTEL PLATINUM HOTEL 就到水門商圈了，走累了也可以在百貨公司內稍做休息，步行全程約需 20 分鐘。
3. 搭 City Line 的話，在 Ratchaprarop 站下車，出站後右轉，越過鐵路平交道直走約 500 公尺右轉後的左邊大樓即是。

美食推薦

Zone2 區 6F 美食區

❶ PLATINUM（FASHIONMALL）外觀。 ❷ 連展示也十分俏皮的商家。

❸ 色彩鮮豔、造型也別緻的女裝。 ❹ 比基尼泳裝。

❺ 各式項鍊手環等裝飾品，是女性最愛。

❻ 綴滿晶亮寶石的涼鞋。 ❼ 以貓頭鷹為主題的創作 T-shirt。

PALLADIUM

Palladium（巴都南，原名為舊 Pratunam Center），此商場於 2010 ～ 2012 年間，外牆與內部全部重新整理裝潢、重新規劃後，現在 B2 是美食廣場，B1 為銀飾批發，1F 及 2F 以流行服裝、飾品批發為主，3F 以禮品及包包為主，4F 以手機及電子商品為主，5F 則多是銀行、outlet 商品及 Spa 美容產品。但因為 Palladium2012 年才又重新開幕營業，目前營業的店家以 B1 銀飾批發及 1F 及 2F 流行服裝、飾品批發為主，3F ～ 6 F 尚在整修中，尚未開始營業。

官網　http://www.platinumoffice.com/

FB　https://www.facebook.com/PalladiumWorld

營業時間　每天 10：00 ～ 19：00。

如何前往？

1. 搭計程車的話，跟計程車司機說「By 巴都南」就可以。
2. 交通方式與 PLATINUM（FASHION MALL）相同。

   搭乘 BTS 在 Chit Lom 站（E1）下車，由 6 號出口出站，沿著空中步道往 Central World 百貨公司方向走，沿途會經過右邊的 Gaysorn Shopping Centre 與左邊的四面佛，然後從空中步道進入 Central World 百貨公司，而後從 ISTAN 百貨公司走出後左轉直走過橋，可以看見 NOVOTEL PLATINUM HOTEL 就到水門商圈了，走累了也可以在百貨公司內稍做休息，步行全程約需 20 分鐘。
3. 搭 City Line 的話，在 Ratchaprarop 站下車，出站後右轉，越過鐵路平交道直走約 500 公尺就到了。

美食推薦

B2 美食廣場

① PALLADIUM 大門。

② 流行女裝店。

③ 環境明亮乾淨
的 B2 美食廣場。

④ 泰國當地自創
年輕服飾品牌 -Police。

⑤ 短洋裝為主的女裝店。

PLATINUM PRATUNAM

PLATINUM PRATUNAM 為位於水門商圈的傳統成衣市集，就在 PLATINUM（FASHION MALL）的對面，市集裡的通道不大，衣服種類很多。這個市集的特色是超……超便宜哦！

營業時間 每天 8：00 ～ 16：00。

如何前往？

1. 搭計程車的話，跟計程車司機說「By 巴都南」就可以。

2. 交通方式與 PLATINUM（FASHION MALL）相同。

   搭乘 BTS 需在 Chit Lom 站（E1）下車，由 6 號出口出站，沿著空中步道往 Central World 百貨公司方向走，沿途會經過右邊的 Gaysorn Shopping Centre 與左邊的四面佛，然後從空中步道進入 Central World 百貨公司，而後從 ISTAN 百貨公司走出後左轉直走過橋，可以看見 NOVOTEL PLATINUM HOTEL 就到水門商圈了，走累了也可以在百貨公司內稍做休息，步行全程約需 20 分鐘。

3. 搭 City Line 的話，在 Ratchaprarop 站下車，出站後右轉，越過鐵路平交道直走約 250 公尺右轉，再直走至路底左轉就到了

美食推薦

附近幾棟採買大樓內均有美食廣場，可以在該處用餐。

❶ 市集裡的通道不大，批貨時要特別小心。　❷ 市集一隅。

❸ 很受歡迎的 T-shirt。　❹ 衣服種類很多，要花時間慢慢找。

❺ 批貨者很常採買的流行女裝、洋裝。　❻ 市集裡販賣頗有設計感的上衣。

❼ 顏色多彩的上衣，充滿熱帶風情。

BAIYOKE TOWER

此批發商場的特色是創意 T-shirt 非常多，海鷗個人很喜歡 B1、B2 及 4F 的創意 T-shirt，這裡的店家多是工廠直營店，除了有現場現貨可以採買之外，也可以另外下訂單。此批發商場是主要經營 T-shirt 市場的業者不可錯過的地方。

官網　http://www.baiyokesky.th1.org/

營業
時間

週一至週五 10：00 ～ 18：00，

少數店家週六有開，但週日全面休息。

如何前往？

1. 搭計程車的話，跟計程車司機說「By 掰優」就可以。
2. 交通方式與 PLATINUM（FASHION MALL）相同。

   搭乘 BTS 需在 Chit Lom 站（E1）下車，由 6 號出口出站，沿著空中步道往 Central World 百貨公司方向走，沿途會經過右邊的 Gaysorn Shopping Centre 與左邊的四面佛，然後從空中步道進入 Central World 百貨公司，而後從 ISTAN 百貨公司走出後左轉直走過橋，可以看見 NOVOTEL PLATINUM HOTEL 就到水門商圈了，走累了也可以在百貨公司內稍做休息，步行全程約需 20 分鐘。

3. 搭 City Line 的話，在 Ratchaprarop 站下車，出站後右轉，越過鐵路平交道直走約 250 公尺，右轉再直走約 250 公尺就到了。

美食推薦

附近 Indra Square Plaza，3F 有美食廣場可用餐。

❶ BAIYOKE TOWER。　❷ BAIYOKE 商場。　❸ 種類多元的螢光創意設計潮 T。
❹ 創意設計潮 T。　❺ 販賣創意設計潮 T 店家。　❻ 人形展示架也布置得很吸睛。

137

CITY COMPLEX

位於 PLATINUM（FASHION MALL）斜對面，此商場是屬於較早期的成衣批發商場，女裝、女鞋、男裝、童裝、女包……各式商品應有盡有，此棟成衣批發商場有不少泰國民族風及牛仔褲賣家，對於喜歡泰國民族風及牛仔褲的買家，這棟樓是一定要逛的哦！

營業時間 每天 9：00～17：00。

如何前往？

1. 搭計程車的話，跟計程車司機說「By 巴都南」就可以。
2. 交通方式與 PLATINUM（FASHION MALL）相同。

   搭乘 BTS 需在 Chit Lom 站（E1）下車，由 6 號出口出站，沿著空中步道往 Central World 百貨公司方向走，沿途會經過右邊的 Gaysorn Shopping Centre 與左邊的四面佛，然後從空中步道進入 Central World 百貨公司，而後從 ISTAN 百貨公司走出後左轉直走過橋，可以看見 NOVOTEL PLATINUM HOTEL 就到水門商圈了，走累了也可以在百貨公司內稍做休息，步行全程約需 20 分鐘。
3. 搭 City Line 的話，在 Ratchaprarop 站下車，出站後右轉，越過鐵路平交道直走約 400 公尺，右轉再直走約 100 公尺就到了。

美食推薦

CITY COMPLEX PRATUNAM 大樓內的美食區。

❶ CITY COMPLEX 大門。　❷ 琳琅滿目的圍巾、絲巾。

❸ 當季最新流行服飾及項鍊飾品。　❹ CITY COMPLEX 外觀。

GRAND DIAMOND PLAZA

GRAND DIAMOND PLAZA 是 Grand Diamond suites Hotel 將 B1 及 1F 重新裝潢改建的商場，此商場緊臨在舊棟 PLATINUM（FASHION MALL）隔壁，1F 商場緊臨著 Grand Diamond suites Hotel 的大廳，主要以批發服飾為主的買家，住宿這個飯店算是不錯的選擇。

> 官網　http://www.granddiamondplaza.com/
>
> FB　https://www.facebook.com/GrandDiamondPlaza
>
> 營業時間　每天 10：00 ～ 18：00。

如何前往？

1. 搭計程車的話，跟計程車司機說「By 巴都南」就可以。
2. 交通方式與 PLATINUM（FASHION MALL）相同。

   搭乘 BTS 需在 Chit Lom 站（E1）下車，由 6 號出口出站，沿著空中步道往 Central World 百貨公司方向走，沿途會經過右邊的 Gaysorn Shopping Centre 與左邊的四面佛，然後從空中步道進入 Central World 百貨公司，而後從 ISTAN 百貨公司走出後左轉直走過橋，可以看見 NOVOTEL PLATINUM HOTEL 就到水門商圈了，走累了也可以在百貨公司內稍做休息，步行全程約需 20 分鐘。

3. 搭 City Line 的話，在 Ratchaprarop 站下車，出站後右轉，越過鐵路平交道直走約 400 公尺，右轉再直走約 100 公尺就到了。

美食推薦

3F 的美食廣場

❶ GRAND DIAMOND PLAZA 外觀。　❷ GRAND DIAMOND PLAZA 入口處。

❸ 色彩鮮豔的小洋裝。　❹ 白底搭配簡單設計的 T-shirt。

INDRA SQUARE PLAZA

此商場緊臨著 Indra Hotel，也是屬於較早期的成衣批發商場，此成衣批發商場的客戶群，以中東人居多。雖然此商場外觀仍然保有原來舊建築的風貌，但 2011 年此商場 2F、3F 重新規劃裝潢，變得比較明亮簡潔，1F 除了有麥當勞及肯德基速食店外，還有手工藝品、皮件、大型電子商品及成衣，2F 則以男女服飾為主。

營業時間 每天 10：00 ～ 19：00。

如何前往？

1. 搭計程車的話，跟計程車司機說「By 音他」就可以。

2. 交通方式與 PLATINUM（FASHION MALL）相同。

   搭乘 BTS 需在 Chit Lom 站（E1）下車，由 6 號出口出站，沿著空中步道往 Central World 百貨公司方向走，沿途會經過右邊的 Gaysorn Shopping Centre 與左邊的四面佛，然後從空中步道進入 Central World 百貨公司，而後從 ISTAN 百貨公司走出後左轉直走過橋，可以看見 NOVOTEL PLATINUM HOTEL 就到水門商圈了，走累了也可以在百貨公司內稍做休息，步行全程約需 20 分鐘。

3. 搭 City Line 的話，在 Ratchaprarop 站下車，出站後右轉，越過鐵路平交道，直走約 250 公尺就到了。

美食推薦

3F 的美食廣場

❶ INDRA SQUARE PLAZA 大樓。

❷ INDRA SQUARE PLAZA 商場一隅。　❸ INDRA SQUARE PLAZA 商場內部環境。

❹ 琳琅滿目的耳環、項鍊飾品。　❺ INDRA SQUARE PLAZA 商場內貨品眾多。

143

SHIBUYA19

2012 年新開幕的流行服飾館，地點位於背向 PLATINUM（FASHION MALL）的
左前方，商場規劃非常寬敞明亮，但因為是新開幕的成衣批發商場，人潮量並不
多，店家也多是 PLATINUM（FASHION MALL）及 INDRA SQUARE PLAZA 的
店家在此設櫃。此商場一樣是流行服飾、飾品、包包及鞋子的批發中心。

官網 http://www.shibuya-19.com/

FB https://www.facebook.com/Shibuyabkk

營業時間 每天 10：00 ～ 18：00。

如何前往？

1. 搭計程車的話，跟計程車司機說「By 巴都南」就可以。
2. 交通方式與 PLATINUM（FASHION MALL）相同。

　　搭乘 BTS 需在 Chit Lom 站（E1）下車，由 6 號出口出站，沿著空中步道往
　　Central World 百貨公司方向走，沿途會經過右邊的 Gaysorn Shopping Centre 與
　　左邊的四面佛，然後從空中步道進入 Central World 百貨公司，而後從 ISTAN 百
　　貨公司走出後左轉直走過橋，可以看見 NOVOTEL PLATINUM HOTEL 就到水
　　門商圈了，走累了也可以在百貨公司內稍做休息，步行全程約需 20 分鐘。
3. 搭 City Line 的話，在 Ratchaprarop 站下車，出站後右轉，越過鐵路平交道直走
　　約 500 公尺，右轉再直走約 500 公尺。

美食推薦

6F 的美食廣場

❶ SHIBUYA19 大樓外觀。

❷ SHIBUYA19 獨具特色的商品展示。　❸ 粉嫩色系的花襯衫。

❹ 不會搭衣服？沒關係，參考模特兒身上的穿著準沒錯！

❺ SHIBUYA19 入口處穿著民族風服飾的發傳單模特兒。

金國芭莎

金國芭莎算是較舊型的成衣批發商場,此商場有冷氣,比例上以大尺碼服飾居多,若想要大尺碼的衣服,千萬別錯過了來此商場批發。

營業時間 每天 10:00 ~ 17:00。

如何前往?

1. 搭計程車的話,跟計程車司機說「By 巴都南共通」就可以。

2. 交通方式與 PLATINUM(FASHION MALL)相同。

   搭乘 BTS 需在 Chit Lom 站(E1)下車,由 6 號出口出站,沿著空中步道往 Central World 百貨公司方向走,沿途會經過右邊的 Gaysorn Shopping Centre 與左邊的四面佛,然後從空中步道進入 Central World 百貨公司,而後從 ISTAN 百貨公司走出後左轉直走過橋,可以看見 NOVOTEL PLATINUM HOTEL 就到水門商圈了,走累了也可以在百貨公司內稍做休息,步行全程約需 20 分鐘。

3. 搭 City Line 的話,在 Ratchaprarop 站下車,出站後右轉,越過鐵路平交道直走約 500 公尺,右轉再直走約 100 公尺右邊就到了。

美食推薦

4F 的美食廣場

❶ 各式流行款洋裝。

❷ 金國芭莎入口招牌。

❸ 潮 T、休閒服飾這裡也很多可挑選。

❹ 大尺碼衣物的採購天堂。

3. 寶馬成衣批發商場
BO BAE TOWER

　　寶馬成衣批發商場是曼谷歷史最久的成衣批發市場，物美價廉，商場所賣的服飾種類齊全，幾乎在曼谷路邊攤、夜市及商場看得到的衣服款式，這裡都找得到。此商場也是外銷成衣至中東地區的主要商場。

　　寶馬成衣批發商場的批發門檻比水門批發商圈高，起批都是以1打為單位，以民族風、媽媽裝及童裝為主的批發客，建議可以以寶馬成衣批發商場為主要的批貨商場。

官網 http://www.bobaetower.com/

營業時間

● 寶馬成衣批發中心 週一至週五 9：00 ～ 17：00。

週六少數店家休息，多數店家營業到 14：00，週日此商場全面休息。

● 寶馬舊市場 (即外圍商圈)

開放時間是週一至週五 8：00 ～ 16：00。

如何前往？

1. 從世貿中心（Central World）斜左對面 BIG C 旁邊橋下搭交通船去。

2. 坐 MRT 至 Hua Lamphong 站，出站後再換計程車，說「by BO BAE」即可。

3. 從飯店坐計程車前往，「by BO BAE」即可。

美食推薦

6F 美食廣場

 貼心叮嚀 寶馬成衣批發中心門口便有一間皇都大酒店，

若純粹只為了在寶馬商圈批發採買衣服的話，

海鷗建議可以住在這間酒店比較方便。

世貿中心（Central World）
斜左對面 BIG C 商業橋下
搭乘交通船來船處。

如何搭船

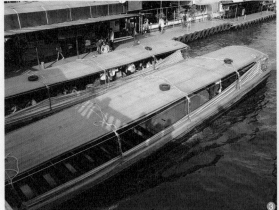

❶❸ 前往 BO BAE TOWER 的交通船。

❷ 上船後，船家會收取船資 及給收據。

❹ 寶馬成衣批發商場外觀。

❺ 深受年輕人喜愛的 T-shirt， 歡迎採購者來詢價採買。

❻ 寶馬成衣批發商場一隅。

❼ 在泰國也很夯的韓國江南 大叔。

4. 扎圖扎週末假日市場
Chatuchak Weekend Market

　　這是一個擁有多樣化商品的商場，從家具擺飾、流行服飾、藝術品、書、寵物用品、手工藝品、曼谷包、手工娃娃、古董到雜貨等應有盡有，在這裡可以找到各式風格的潮 T 與泰國傳統圖騰的珠 T 等，在 25 及 26 區路邊有許多賣瓷器的商家，所展售的瓷器造型特別，價格也相當實惠。

　　新興設計師店家多集中在第 2、3、4 區，新興設計師從自己品牌的 logo 設計到成品多是自己完成，因為產品大都不量產，某些設計師並不接受現場批發，若要以批發價採買，需另外再下訂單，有時交貨期需等 2 個月。海鷗自己的下訂單經驗是建議批貨業者，盡量以現貨採買尤佳，若是初入門的買家，初期還不確定自己要賣商品的方向時，可以盡量多款少量（達最少量的批發價數量）先試試。

　　第 5 區及第 6 區有很多來自歐美具特色的二手商品，包括衣服、包包、鞋子等，應有盡有，其中不乏知名品牌的二手衣與歐美二手軍服，喜愛迷彩的朋友，此區是您的寶山，第 7 區則都是泰國當代藝術家的作品，對於從事裝潢的設計師，此區絕不可錯過。

　　若你已有鎖定的購買項目，例如服飾，建議你可先至服務處索取地圖後，再依照有販售服飾的區域去進行採購，就可以節省寶貴的批貨時間喔！

官網　http://www.chatuchak.org/

　　　http ://www.thejatujak.com/home.aspx

FB　https://www.facebook.com/jatujakonline

營業時間　週六、週日為主，週三有花市。

1. 一般批貨：週六～週日，8：30 ～ 18：00（建議 10：00 後抵達即可）。

2. 大量批貨：週五 23：00 至週六凌晨 5：00。

3. 週三有花市，10：00 ～ 17：00。

如何前往？

1. 搭 BTS 北線在終點站 N8（Mo Chit）站下車，步行約 5 分鐘。

2. 搭 MRT 至 Kamphaeng Phet 站 2 號出口，地鐵站出口即是扎圖扎市場。

3. 搭計程車直接跟司機說：「by 扎圖扎」。

美食推薦

MRT 地鐵 Kamphaeng Phet 站 2 號出口，椰子冰＋椰子水。

貼心
叮嚀

有些店家不能退換貨。

上廁所 2 泰銖。

詢問處：02-2724440-1 轉 103、110。

❶ 可以索取扎圖扎市集地圖的服務中心。

❷ 深受台灣民眾喜愛的摩托車、嘟嘟車、機器人等的鋁線加工製品。

❸ 別以為這是真的，其實只是裝飾用的水果，做得很唯妙唯肖吧！

❹ 單車、登山者專用的領巾，喜愛戶外休閒運動的民眾必備。

❶ 很有泰國風格的手提包,適合粉領族中午外出用餐時使用。　❷ 很有童趣的壁畫。

❸ 以泰拳格鬥的圖案為設計發想靈感的 T-shirt,深受台灣有上健身房有氧課程 Body Combat
（拳擊有氧）朋友們的喜愛。

❹ 泰國傳統圖騰壁飾,喜歡東南亞風格者的民宿業者常來採購。

❺ 很有特色的商品展示模特兒,很難不吸引路過民眾的眼光。

❻ 以各式魚類為主題的 T-shirt。　❼ 少女服飾攤位,其設計風格不輸日本、韓國喔!

155

5. Terminal 21 SHOPPING MALL

「百貨公司等級，擁有親民價格！」是 Terminal 21 SHOPPING MALL 給人的第一強烈印象。

在 Terminal 21 SHOPPING MALL 內有許多美國與日本知名品牌服飾的專賣店，許多泰國新起的設計師也在此設有專櫃，其設計產品種類非常多元化，例如：手工皮件、皮包、流行飾品、潮 T……等，無論是追求流行的青年或販賣流行商品的買家，或者是新潮的設計師，都可以在此找到其所要的物品，且每家專櫃的設計擺設，也都設計得很特別、很有特色，是一個值得多花一點時間去尋寶的 SHOPPING MALL。到這裡後，可至服務台索取優惠卡（免費），瞭解店家目前提供的優惠活動，也可以索取無線上網的帳號及密碼。

Terminal 21 位處 MRT 及 BTS 交會處，除交通便利外，它還是一個融合機場標示、日本風及歐美風概念設計的 SHOPPING MALL，是一個設計感非常強的流行購物廣場。此外，Terminal 21 SHOPPING MALL 的另一個特色是每層樓的洗手間都有不同的主題設計，非常值得一探究竟。

Terminal 21 SHOPPING MALL 內的標示牌都仿照機場內的航站大廈標示，從 B1 到 6F 每個店面設計通通都走異國風，所以 Terminal 21 SHOPPING MALL 也得到航站購物中心的稱號。

官網 http://www.terminal21.co.th/main/

FB https://ww.facebook.com/TERMINAL21

營業時間 10：00 ～ 22：00。

如何前往？

1. 搭 MRT 至 Sukhumvit 站 3 號出口，
   出站後直走即可見。

2. 搭 BTS 至 Asok 站下車，
   出站即可見。

3. 坐計程車直接跟司機說
   「by Terminal 21」。

美食推薦

除了美食餐廳非常多外，還設有美食街，
可以慢慢挑選品嚐。

商場內搶眼的裝置。

① Terminal 21 外觀明亮，設計頗具現代感。

② 進門讓人彷彿感覺真的來到某一國際機場的航廈。

③ 以英國巴士造型概念為主設計的店家。

④ 外頭的廣告看板採用各地知名城市及航站設計。

⑤ T21 內知名的招財貓，來此逛街者必拍的知名景點之一。

❶ 專門販售女生帽子、飾品的店家。

❷ 型男模特兒。

❸ 比一般商場更具時尚感的女裝。

❹ 非常有特色的個性商店。

❺ 頗具流行感的領帶,是年輕人最愛。

❻ 結合傳統元素又有當代設計風潮的
　設計商品。

PART 7

銀飾、鞋子、皮包

設計獨特，
色彩鮮明飽和

1. 為什麼要大老遠跑去泰國採購銀飾？

談及泰國首飾製造業，不可不提到銀製飾品。泰國的銀飾產業在東方國家裡，可以說是一直處於領導地位，過去兩年，泰國銀飾出口也呈現著兩位數字的升幅。

從價格來看，台灣的銀飾價格其實跟泰國差不多，但兩地之間最大的差別在於，在泰國你可以找到設計感較獨特的銀飾品。也就是說，若你純粹只想以價格為優先考量，建議不需要特別來泰國採買，因為泰國銀飾取勝之處，在於這裡能看到的款式較獨特，而不是更便宜。

據泰國寶石首飾工業商貿協會的統計，因應全球市場的需求，70%的泰國首飾生產商已設有銀飾生產線，工廠在製作過程中，盡量做到讓銀飾的生產品質獲得改善。

早期泰國銀飾製造都是靠手工，每家銀飾業者都具備手工製作的手藝，但近年來，有賴高科技的協助，泰國的銀飾製造商，現在改走高科技路線，可以製造出更輕、更潔淨及更高品質的銀飾，讓銀飾的品質更進步。

泰國的銀飾是以 925 純銀，加上少許比例的銅等其他貴重金屬，製造成各種美輪美奐的飾品。

泰國的銀飾精美絕倫，走的是國際路線，產品如同是藝術品，美觀、大方、新潮。同時，泰國的銀飾也有趨向質樸風格的路線，帶點舊舊的、古老的氣息，非常受到時尚一族的喜愛。

　　泰國最主要的銀飾批發地點很多，但對台灣的採購新手而言，光是以下三個，就足以讓你第一次批貨就上手了：

①　Charoen Krung Road（石龍軍路）

此區的店家多以印度人直營店居多，每家都各具特色，主要產品以有色串珠為主。

②　考山路銀飾街

考山路的銀飾比較偏秀氣的設計風，多是仕女們喜歡的款式。

③　Palladium（原名為「舊 Pratunam Center」）

此處的銀飾比較偏陽剛的設計風格，以大顆男性戒指居多。

泰國的寶石飾品亦相當有名。

Charoen Krung Road 和石龍軍路口的銀飾街。

2. Charoen Krung Road 石龍軍路

在石龍軍路這區的店家，多以印度人直營店居多，主要產品以有色串珠為主，銀飾買家可以在各店家間多方比較產品與價格，選擇最適合自己的產品。此外，路上還會經過一家 International JEWELRY HUB（http://www.ijewelryhub.net/）商場，裡頭設立了很多銀飾專櫃，也可進去吹個冷氣，順便挑選是否有合意的銀飾。

營業時間 週一至週五 9：00 ～ 18：00。

如何前往？

1. 離此處最近的 BTS 站是 S6（Saphan Taksin），出站後往 3 號出口，走到 Charoen Krung Road 左轉，再順著路直走，步行大約 10 分鐘後，可以看見第一間銀飾店家，買家可以沿著 Charoen Krung Road 的商家慢慢逛哦！

2. 搭計程車，告訴司機：「by 湯倫錫龍 嘎 遮輪工 洗業」（Silom 和 Charoen Krung Road 交叉口後右轉與左轉）。

美食推薦

BTS 的 S6 站（Saphan Taksin），出站後往 Charoen Krung Road 出口左轉，有間 Robinson 百貨公司，百貨公司內有餐廳可以用餐。

❶ 看到 Charoen krung Road 路標就代表到囉 。

❷ 往這邊一路走下去，就可看到很多銀飾批貨商店。

❶❷ 很有特色的一家銀飾店,裡面的商品
　　都很有質感。

❸ 小巧的銀飾批貨商店。

❶❷ 櫥窗中有很多展示飾品，看到喜歡的就可進去詢價。

❸❹ International JEWELRY HUB 內有很多銀飾專櫃，重點是可以邊吹冷氣邊挑貨，環境比較舒適。

3. 考山路銀飾街

這裡是全曼谷最大的銀飾批發區,包括耳環、舌環、肚臍環、放大器及配件材料應有盡有,當然,各類項鍊、戒指也沒有缺席。考山路的銀飾比較偏秀氣的設計風,多半是女性喜歡的款式。

考山路除了銀飾外,還有許多民族風的珠珠、墜飾、項鍊、手環及手工特色包包等等,考山路同時也是外國背包客必訪之聖地,夜晚的酒吧十分熱鬧,是考山路的特色之一,也是來泰國自助旅行者不容錯過的景點之一喔!

營業時間 週一至週六 10:00 ～ 18:00。

如何前往?

1. 從世貿中心(Central World)斜左對面 BIG C 旁邊橋下搭交通船去,上船後再買票,搭至最後一站下船後再轉搭計程車,約需 40 泰銖。
2. 搭計程車,告訴司機「by 靠散」。

美食推薦

銀飾街商家周邊有一些酒吧餐廳。

❶ 可搭交通船至考山路。

❷❸ 考山路上的銀飾店。

① 位於地下室的銀飾店鋪。

② 除了銀飾，還有很多皮飾、手環可任
君挑選。

③ ④ 就算是白天，考山路也是很熱鬧。

⑤ 考山路上有泰國著名的雙手合十麥當
勞叔叔。

4. Palladium（原名為「Pratunam Center」）

Palladium（巴都南）B1 是銀飾批發之地，各式富有泰國傳統風或最時尚設計感的墜子、項鍊、耳環、戒指、手環到比較流行的舌環、肚臍環等等，都可以買得到。

此處的銀飾比較偏陽剛的設計風格，以大顆男性戒指居多，B1 也有幾家手工真皮皮製工廠直營店，產品包括真皮手工包包、皮夾及皮帶……等，完全可以接受客戶要求的規格製作。

Palladium B1 為銀飾批發。

官網　http://www.palladiumworld.com/

FB　https://www.facebook.com/PalladiumWorld

營業時間　每天 10：00 ～ 19：00。

如何前往？

1. 搭計程車的話，跟計程車司機說「By 巴都南」就可以。

2. 搭乘 BTS 在 Chit Lom 站（E1）下車，由 6 號出口出站，沿著空中步道往 Central World 百貨公司方向走，沿途會經過右邊的 Gaysorn Shopping Centre 與左邊的四面佛，然後從空中步道進入 Central World 百貨公司，而後從 ISTAN 百貨公司走出後左轉直走過橋，可以看見 NOVOTEL PLATINUM HOTEL 就到水門商圈了，走累了也可以在百貨公司內稍做休息，步行全程約需 20 分鐘。

3. 搭 City Line 的話，在 Ratchaprarop 站下車，出站後右轉，越過鐵路平交道直走約 500 公尺就到了。

美食推薦

B2 是美食廣場。

B1 銀飾飾品區。

❶鑲珍珠項鍊、耳環。 ❷花朵造型項鍊、耳環。 ❸擺設精緻銀飾品的櫥窗。 ❹精緻的戒指。

❶ 雕工精緻的戒指。　❷ 龍造型銅盤。　❸ 特殊的銀飾項鍊隨身碟，非常具有個人特色。

5. 以西方現代手法，述說泰國古老故事

近年來，在泰國政府有計畫的栽培下，許多泰國設計師紛紛在國際上嶄露頭角，加上泰國地處熱帶，服飾設計活潑多變，顏色鮮明飽和，多變新穎的設計，加上講究的材質與剪裁，讓泰國流行服飾在國際間深獲好評。

加上這些年，泰國的景氣開始復甦，對流行產業的消費需求相對提升，泰國政府計畫性將曼谷透過商展，與巴黎、倫敦開始零時差交流。2004 年更推動曼谷時尚計畫，舉辦大型服裝秀，泰國時裝週，成功將泰國本土品牌推向國際，吸引全球人的目光。

泰國能成功打入流行時尚界，在於泰國品牌能完整地以西方現代手法述說泰國古老故事。不忘本的民族性，使泰國人珍惜祖先遺留下來的傳統，例如：紡織技巧、手工藝、傳統建築、雕刻、印花、染布與泰絲。泰式風格讓設計師開始思考如何用西方簡單俐落的精神，給予泰國傳統新生命，而重視細節的想法，讓泰國服飾更為與眾不同。

因此，泰國的設計產品除了較熱門的流行服飾與銀飾之外，諸如鞋子，包包，飾品及家具、家飾類，也都非常具有獨特性。接下來，我們來逛逛泰國的鞋子、皮包、特色小商品與工藝品的概況。

❶ 手工抽絲、編織、印染的泰絲，是非常受歡迎的布料。

❷ 百貨公司中的年節裝置，以傳統元素與現代設計結合。

❸ 泰國的雕刻品，相當適合居家日常裝飾使用。

6.到泰國買鞋子

　　泰國位處亞熱帶地區，常年如夏，鞋子的設計款以涼鞋或夾腳拖為主，最常見、也頗受台灣消費者歡迎的，主要是以下幾類：

① 皮質手工鞋：

　　泰國鞋子的材質多元化，最具特色的是皮質手工鞋，泰國的牛皮料、鱷魚皮、蛇皮等貨源充足，因此這些皮料製成的鞋子，相較於其他國家，價錢相當便宜，皮製的手工鞋都是量腳特別訂作，例如：重機鞋、長筒馬靴、騎馬專用靴，這類靴子在扎圖扎週末市集都有店家接受特別訂作。

② 果凍鞋：

　　Jelly Bunny 的果凍鞋，是近兩年來廣受買家喜愛的膠鞋，因為顏色鮮豔，造型可愛，重點是單價不高，價錢非常的親民平價。

③ 海灘鞋：

　　泰國是以觀光為主的國家，海景聞名於全球，因此海灘鞋產業非常蓬勃發展，各式各樣的海灘鞋，造型新穎，海灘鞋系列中的怪獸鞋，也是來自於泰國。

鑲嵌許多有色寶石、造型華麗的夾腳拖鞋。

④ 夾腳拖鞋：

泰國的夾腳拖鞋，設計以活潑多變、顏色鮮明飽和為主，顛覆傳統對夾腳拖鞋的印象。因為採用了鮮明的色彩，再加上時尚設計剪裁，讓夾腳拖的價值提升了。

泰國鞋子的最大批發市場在中國城三拼，鞋子的批發一次以 1 打為單位，1 打內的尺寸需含括各尺寸，也就是不能只挑選自己想要的尺寸，得每個尺寸都拿才可以。

配色與造型都十分女性化的夾腳拖鞋。

色彩繽紛的各式兒童拖鞋。

7. 泰國包包，有什麼特色？

以材質來看，泰國包包可以區分為以下幾種：

① 布製曼谷包：

來泰國觀光的觀光客必買的包包就是 naraya 包包（又稱曼谷包）。因為 naraya 布包的狂賣，帶動了泰國布製包包的產業，在 naraya 成名後，布製包包又有很多新品牌的誕生，顏色也以鮮豔布料為主。

② 軟木塞包包：

近 5 年，泰國名牌包不斷開發創新，除了款式的創新，包包的材質也精益求精，剛開始多以真皮皮包為主，但這兩年來，泰國設計師開發出軟木塞材質的包包，廣受歐美人士的喜愛。開發出軟木塞包包的設計師向海鷗表示，目前軟木塞包包的客群 90% 多為歐洲人士，亞洲客群只佔 10%，因此亞洲客群還有很大的開發空間。

各種顏色的小包，頗受觀光客喜愛。

③ 珍珠魚皮包及鱷魚皮包：

　　泰國旅遊景點常見到的珍珠魚皮包及鱷魚皮包，都是泰國的特產包包，近幾年來，珍珠魚皮包的設計顛覆傳統，開始走向鮮豔顏色的搭配，也深獲消費者好評。

④ 真皮皮包：

　　泰國的牛皮料、鱷魚皮、蛇皮等貨源充足，新興設計師以這些皮料設計出款式眾多的精美包包，非常受到世界各國觀光客的喜愛。製作真皮皮包的工廠，大多分散在曼谷周圍的府，例如：佛統府、北攬府、碧武里府、龍仔厝府等地。

　　泰國北部生產的包包多以棉麻布為主要材料，設計上會加些小飾品及銅製叮噹，是屬於阿卡族及苗族等少數民族的傳統包包，這類包包，也被稱作是民族風包包。

具有設計感的包包。

8. 泰國特色小商品，千萬別錯過

泰國特色小商品相當多，多以手工製品最具特色也頗受歡迎，例如以下各類商品：

① 鋁線編製的手工鑰匙圈：

設計師用鋁線純手工做成的鑰匙圈與機器人、機車模型等，除了手工製作外，還必須經過設計師個人的創造巧思精心打造，每一件都深具特色，讓顧客大為讚嘆。這類產品大都是泰國北部的家庭工廠所出品，因為是純手工的關係，往往是一人教一人，必須靠著慢慢傳承才能學會。純手工商品，若下訂單，交期至少都得 1 個月以上，所以需提前預定哦！

② 設計師包包：

近 3 年在台灣流行的泰國設計師品牌包包有 DERAMER、OH-EVVA、GAGA、BKK ORIGINAL、GUARANTEE、POSH、SMOKIN、SHOW+ROOM、HOME WERD BOUND 等，設計師發揮個人的創意，將自己品牌的包包設計得質感十足。

③ 手繪娃娃：

2007 年間，泰國的巫毒娃娃在台灣流行，繼巫毒娃娃後，泰國人又創作了手繪娃娃，至今手繪娃娃依然在泰國大受歐美人士的歡迎。

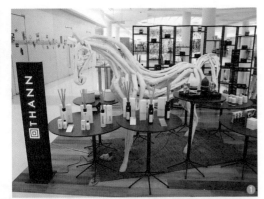

④ 椰子殼商品：

包括了椰子殼湯匙、飯匙和椰子殼燈飾，椰子殼燈飾從小的桌上型檯燈到大型的立燈、壁掛燈，每樣產品都發揮極高的創意，做得非常精緻，充滿了南洋風味，深受各國觀光客喜愛。

⑤ SPA 相關用品：

以泰國特產香茅草及山竹做成的手工香皂、洗髮精、沐浴乳等清潔用品，除了基本的清潔功能外，香茅草還有防蚊的功效；泰國生產的椰子油，更是 SPA 必備的專業用品。這類產品的生產地，大多分散在曼谷周邊地區。

❶ THANN 是泰國知名香氛保養品牌，使用天然素材製成。

❷ 運用天然材質製成的燈。

❸ 利用飲料罐及鋁線製成的造型時鐘及嘟嘟車。

9. 泰國工藝品，
　 結合手藝與環保

　　泰國是一個非工業化國家，商品多以手工藝品為主，創作中又蘊涵著環保自然的特色。泰國的工藝品多是工匠們發揮個人的奇思妙想加工製成的，讓這些精湛的手工工藝品，風格獨具，令人觀來賞心悅目。

　　工藝品在泰國人的生活中，從未消失過，泰國的農村所使用的日常生活用品，多是他們自己利用簡單的器材製成，例如：用來捕魚的籃子、用椰子殼做成的廚房用具、街上小販所用的食品籃，都是非常具有泰國特色的手工藝品。

　　說到泰國的手工藝品中心，清邁是不二之選，清邁的傳統手工藝品種類很多，在清邁的大街小巷，到處都可見琳琅滿目的手

有傳統元素的泰國木雕作品。

工藝品商店，產品多元化，例如：花瓶、蠟燭、相框、燈飾、手繪紙傘、藤製工藝品、木雕、各式各樣的絲織品等等，這些手工藝品不只用來裝飾家居、美化生活，更重要的是，蘊藏著泰國深厚的文化內涵。

在曼谷，手工藝品的主要批貨市集有：扎圖扎週末假日市場（Chatuchak Weekend Market）、JATUCHAK PLAZA、JJ MALL。扎圖扎週末假日市場不只是批貨者必去之處，更是很受外國旅客喜歡的景點，佔地廣大，據說有數十個足球場大，想得到的商品幾乎都有人賣。而 JATUCHAK PLAZA 位於扎圖扎週末假日市場旁，基本上是連在一起的，這裡以泰國設計公司出品的飾品、燈飾與室外及室內家具為主，JJ MALL 則位於扎圖扎的外圍區域。

質感差不多的工藝品，在 JATUCHAK PLAZA 與百貨公司的價錢就不同哦！建議批貨業者可以到 JATUCHAK PLAZA 好好參觀採買。

精緻的手工藝品，是女生很喜歡的裝飾品。

PART 8

按摩、夜市、食品
順道觀摩有泰國特色
的商品市場

1. 泰式按摩用品，一個有待台灣買家開發的市場

由於泰國按摩產業名聞遐邇，幾乎所有遊客到了泰國必然要去體驗一下，加上設計產業發展越來越興盛，泰國與 SPA 按摩相關的用品與工藝品，包括香氛系列、相關家具用品等批發，也越來越受到注意。

本書介紹幾個主要批貨市集，包括：扎圖扎週末假日市場（Chatuchak Weekend Market）、JATUCHAK PLAZA、JJ MALL、Exotique Thai。由於商品品項多，建議得事先作好功課，才能依自己或客戶需求前往進行採購。

JATUCHAK PLAZA

位於 Jatuchak 週末市集旁，多以家飾品、燈飾與室外及室內家具為主，多半為泰國本地的設計公司所設計，很多是工廠自營店居多，產品非常多元化，例如：手工香皂、香氛系列、家具家飾品、吊燈、立燈、門把、鏡子及床……等等。

營業時間

週二至週日，10：00 ～ 18：00。

JATUCHAK PLAZA 入口處。

如何前往？

1. 搭 BTS 北線在終點站 N8（Mo Chit）站下車，步行約 15 分鐘。

2. 搭 MRT 至 Kamphaeng Phet 站 2 號出口，出站後左轉至大馬路再右轉直走約 10 分鐘路程。

3. 搭計程車跟司機說「by 恰圖恰趴薩」。

美食推薦

JJ MALL 外圍小吃、JJ MALL 的 1F 餐飲店，或 2F 的美食廣場。

❶❷ 別具巧思的燈具。

❸ 在這邊常可見馬、大象、鹿等木頭造型的動物。

❹ 流水壁畫。

❺ 有濃厚泰國風味的龍船門。

❻ 非常有異國風情及設計特色的燈飾。

JJ MALL

與 JATUCHAK PLAZA 位於同區域，一趟路可以逛兩個市場，而且 JJ MALL 裡有冷氣，對不耐熱的旅客來說，比較舒適。這兩處販售的產品也很接近，同樣是以家飾品、燈飾與室外及室內家具為主，大部分是泰國本地設計公司所設計，甚至有些是工廠自己開設的自營店，從大型的家具、小的家飾品、各式燈具、鏡子、手工香皂、香氛系列……等，都可以在這裡買得到，是非常適合採買裝飾家庭氛圍用品的好地方。

營業時間 週一至週日，10：00 ～ 19：00。

如何前往？

1. 搭 BTS 北線在終點站 N8（Mo Chit）站下車，步行約 15 分鐘。
2. 搭 MRT 至 Kamphaeng Phet 站 2 號出口，出站後左轉至大馬路再右轉直走約 10 分鐘路程。
3. 搭計程車跟司機說「by 恰圖恰趴薩」。

美食推薦

JJ MALL 外圍小吃或 JJ MALL 的 1F 餐飲店、2F 的美食廣場。

JJ MALL 外觀。

①② 彩繪安全帽專賣店，很多台灣重機族會前來此地挑選。

③⑤ 各種造型的室內裝飾品。　④ 各式各樣的香氛用品及器材。

Exotique Thai（SIAM PARAGON 內）

Exotique Thai 集合了泰國知名的 SPA 香氛系列品牌，鎖定要買相關產品的買家，可以在此處一次找齊需要的品牌。若有興趣大量採買，也可以在此處直接跟各公司下訂單，不過由於在此展售的產品，都屬於較知名的品牌，因此在產品的折扣上就比較有限。

網址 http://www.siamparagon.co.th/

營業時間 每天 10：00 ～ 22：00。

如何前往？

1. 搭乘 BTS 在 Siam 站下車，直接有出口銜接 SIAM PARAGON，可以直接進入 SIAM PARAGON。
2. 搭計程車的話，跟計程車司機說「By SIAM PARAGON」就可以囉。

美食推薦

B1 有美食區，也有許多充滿泰式風情的餐廳。

SIAM PARAGON 暹邏百麗宮大門。

❶ Exotique Thai 專區，內有眾多香氛品牌、
　產品齊聚一堂。

❷ 每個香氛攤位都擺設得令人愛不釋手。

❸ 別具泰式風情的餐廳。

2. 泰式食品批發，提供台灣消費者新口味

泰國販賣食品的批發點，以中國城區域為主，泰國的 Pocky 香蕉、藍莓口味餅乾、小老闆海苔、小浣熊海苔、榴槤糖及泰國皇家牛奶片，在台灣都頗具知名度。不過，礙於食品類入境台灣有保存期限的問題，買家在選擇商品上，需特別注意保存期限哦！至少需選擇保存期限 1 年以上的商品較佳。

食品類入境台灣規定甚嚴，以下是若請海鷗幫忙代買泰國食品，運送回台灣需特別注意的流程：

① 首先需向台灣報關行問清楚該食品是否可進口台灣。

② 買家需在台灣印好中文貼紙（內容包括商品成分表及保存期限、製造商公司名稱、地址、電話、台灣進口商名稱），寄到泰國給海鷗。

③ 海鷗再將所有的商品逐一貼上貼紙。

④ 請海運公司處理運送回台灣。

⑤ 貨到台灣，由台灣的報關行幫忙清關領貨送到買家指定地址。

泰國才有的香蕉口味 Pocky。

中國城店家

營業時間 每天 8:30 ～ 18：00。

如何前往？

1. 搭 MRT 至 Aua Lamphong 站，從 1 號出口出站後換計程車，
   告訴司機「by 耀哇辣」，車資約 40 泰銖。
2. 直接坐計程車，告訴司機「by 耀哇辣」。

美食推薦

中國城附近魚翅及燕窩餐廳很多，任君選擇。

看到紅色旗幟及招牌，就知道中國城到啦。

❶❷琳琅滿目的餅乾、糖
果⋯⋯等零嘴,讓對
食品批貨有興趣的朋
友可一次購足,且比
起大型量販店的價格
還要來得漂亮喔!

❸ 小浣熊海苔為後起之秀，很多人一試成主顧。

❹ 酸子糖吃起來酸酸甜甜的，飯後來上一顆聽說可幫助消化喔。

❺ 台灣人對榴槤糖反應很兩極，有些人愛，有些人卻敬而遠之。

❻ 中國城區域的巷弄內也有許多店家可逛。

❼ 中國城賣的燕窩，一碗從 2 百到上千元都有。

貼心叮嚀

💬 Ricky 第一次去泰國自助旅遊時，曾上計程車說要到「China Town」（而非說泰文的「耀哇辣」），不知道司機是不知道還是裝傻，結果載到一不知名的海鮮餐廳要去消費用餐⋯⋯。當下我二話不說，趕緊改搭另外一台計程車離開，聽說若進去用餐，因為餐廳沒有標示任何牌價，很多觀光客吃完被大敲竹槓後才能離開。請大家切記千萬要小心啊！

3. 觀光夜市，邊吃邊買

　　2012 年 4 月 27 日正式開幕的 Asiatique RiverFront 觀光夜市，原為大象牌啤酒倉庫所在地，在曼谷市政府與大象集團協商後，決定將原來在桑倫倫乒尼觀光夜市的商家遷來此處作為曼谷市新的觀光夜市，也是目前全曼谷最大型的河畔夜市。裡面目前約有 1,500 間商店、40 間左右餐廳及約 2,000 個停車位。

　　Asiatique RiverFront 觀光夜市是由多名泰國設計師共同重新設計規劃，仍保留 30 年代舊倉庫原貌，但增添一些泰國傳統歷史元素。也因為此地曾經是泰國曼谷第一個對外的貿易港口，現今的 Asiatique RiverFront 觀光夜市保存了舊有的建築風格，並融合現代化的商業模式，發展成為曼谷市新興的觀光夜市，不管是來旅遊或來批貨，皆不容錯過。

由倉庫改建的 Asiatique 夜市，
別有一番風味。

Asiatique RiverFront 觀光河畔夜市（Night Market）

(網址) http://www.thaiasiatique.com/en/index.php

(營業時間) 每日 16：30 ～ 23：30。

如何前往？

1. 欲前往 Asiatique RiverFront，可從 BTS S6 站 Saphan Taksin 站 2 號出口走出來，直走到底左轉即可看到渡船碼頭，從此處可出發往返於兩地，可以善加利用，約每 15 分鐘會有一班船可搭乘，僅需 10 多分鐘即可到達，最後一班船為 23：15。

前往此處的接駁船分兩種：

（1）Far Left Pier（Asiatique Shuttle Boat 船身插有紅色旗幟），
　　　16：00 ～ 23：30，最後一班船發船時間為 23：15，免費接駁。

（2）Chao Praya Express Boat Pier（昭披耶河交通船：橘旗船），
　　　16：00 ～ 20：00，費用為 15 泰銖。

2. 搭計程車告訴司機「By Asiatique」。

美食推薦

Asiatique RiverFront 觀光夜市靠河邊規劃為餐廳區，有許多特色餐廳，非常值得去品嚐。用餐時，除了可享受泰國美食外，同時欣賞昭披耶河的夜景也是它的一大賣點喔！

❶❷ 請搭乘BTS往「To Wongwian Yai」方向，到「Saphan Taksin」站下車，從 2 號出口走出來。

❸ 免費接駁的 Far Left Pier（Asiatique Shuttle Boat）。

❹ Asiatique 碼頭附近就是知名的 Baan Khanitha 餐廳。

❺ Asiatique 特有的接駁小火車，走累了可免費搭乘小憩一下，順便沿路看看周圍店家。

❻❼ 渡船碼頭。

Asiatique 漂亮的夜景。

❶ 販售各式裝飾品小物的個性小店。

❷ 造型俏皮的調味罐。

❸ 具有泰國風情的手機殼。

❹ 會隨著音樂音量發亮的夜光 T-shirt，
   上夜店時穿應該會成為焦點。

❶ 香蕉造型的側背包。

❷ 各式手提、側背包包琳琅滿目。

❸ 泰國當地很有名的小蛋糕，走累肚子餓了
　可買來止飢一下。

❹ 以擺放小蛋糕的方式陳列小飾品，讓年輕
　女性忍不住停下腳步欣賞。

4. 火車古董夜市 (TRAIN NIGHT MARKET)

因泰國政府將於火車古董夜市原址蓋建新的曼谷火車站與高鐵車站，所以火車古董夜市自 2013 年 6 月起，從曼谷西區的挽賜區搬到曼谷東區的巴衛區囉！曼谷的華南蓬火車站，未來也將變成火車博物館。

火車古董夜市的新址位於習納卡琳路 51 巷內（在習控百貨公司後方），新址的火車古董夜市規模比舊址的腹地還大，場地規劃設計保留了舊址的原貌，但新的地點附近並沒有 BTS 或 MRT 可抵達，最簡單直接的方式便是搭計程車前往，由於習納卡琳路正在進行道路拓寬工程，造成嚴重塞車，遇到塞車時，請多點耐心囉！

網站 http://www.facebook.com/taradrodfi

TEL 0818275885、0817525588

營業時間 每星期五、六、日傍晚至午夜。

如何前往？

直接搭計程車告訴司機 by「習納卡琳路 soi 51」。

1. 搭 BTS 素坤逸路線到 E12 站再換計程車，告訴計程車司機 by「習納卡琳路 soi 51」，下車後從天橋過馬路就到了「習納卡琳路 soi 51」。

2. 搭機場捷運線至黃馬站（Hua Mak）下車，再改搭計程車至「習納卡琳路 soi 51」。

❶❷ 火車古董夜市。

❸ 火車古董夜市有個
大型意象。

❹ 火車古董夜市室內
空間入口。

5. 火車古董夜市RATCHADA
(TRAIN NIGHT MARKET RATCHADA)

火車古董夜市（TRAIN NIGHT MARKET）近來已成為外國自由行觀光客朝聖之地，但因為火車古董夜市自 2013 年 6 月從曼谷西區的挽賜區搬到曼谷東區的巴衛區後，當地並沒有 BTS 或 MRT 可抵達，造成一些外國自由行觀光客的不便。因此，火車古董夜市便計劃再度找尋適合的新地點。

2015 年 1 月 8 日火車古董夜市 RATCHADA（TRAIN NIGHT MARKET RATCHADA）開幕了，最新的地點位於MRT Thailand Cultural Centre 3 號出口，ESPLANADE SHOPPING MALL 後面，開放時間為週四至週日 17：00 ～ 1：00，從服裝、飲食、古董家具，應有盡有，這裡是夜晚的好去處，非常值得推薦給大家。

網站 http://www.facebook.com/taradrodfi.ratchada

TEL 0927135599、0927135577

營業時間 每星期四～日，17：00 ～ 1：00，從傍晚開放到午夜左右。

如何前往？

1. 搭 MRT 至 Thailand Cultural Centre 站，從 3 號出口出來就是火車古董夜市。
2. 告訴計程車司機 by「拉恰拉 A 斯帕納」。

❶ 火車古董夜市
RATCHADA。

❷ 各式創意 T-shirt。

❸ 販賣家具的店家。

❹ 非常搶眼的卡車。

6. Jatujak Green

　　這是位於鐵路局公園與扎圖扎間的市集，主要以二手商品與古董商品為主，是由原來的火車古董夜市一部分商家所建立的露天型夜市。

　　Jatujak Green 在近半年來，逐漸受到國外背包客與泰國本地的年輕人青睞，因為租金便宜，許多在學的藝術大學生，就利用週末帶著自己創作的手機吊飾、小零錢包等手工藝品來此販售。這裡很適合對懷舊家具飾品有興趣的同好來尋寶，而想找新秀設計師也可以來此試試運氣。

　　在 Jatujak Green 內還有些頗具特色的酒吧，逛累了可以坐下來吃些泰式小吃、喝啤酒，看看泰國的帥哥美女也是一種享受。但因為 Jatujak Green 並非位於鬧區，若太晚才搭計程車，車資都是用喊價的。如果是要搭 MRT 或 BTS，建議晚上 11 點前就需前往搭乘。

Jatujak Green 有著顯眼的招牌，便於尋找。

❶ 許多年輕人來擺攤，展現自己設計的創意商品。

❷ 販賣飲料和餐飲的店面也布置得十分有活力。

❸ 擺設頗有巧思的小攤子。　❹ 陳列著老物的店家。

網址　http://www.jjgreen.com

地址　110/46 Ladprao 18, Chom Phon, Chatuchak, Bangkok

TEL　087-0888-389 / 02-652-985

營業時間　週五、六、日 18：00 到午夜。

> **如何前往？**

搭乘 BTS，在 Mo Chit（E8）站或乘 MRT，Chatuchak Park 站下車，
順著扎圖扎公園走，步行約 5 至 10 分鐘。

附錄

批貨實務攻略Q&A
100句超實用
批貨泰國語

　　先給大家一個觀念：「去泰國玩過並不代表就對泰國熟」！因為做生意跟去玩樂是不一樣的，有很大的不同！從本書前八章節看下來，去泰國批貨看似容易，但其實還是有許多「眉眉角角」無法在書中一一詳述。海鷗建議讀者初次來批貨，可以參加海鷗的「泰國批貨教學團」，主要可實地到曼谷各大商圈批貨並教導整套批貨流程及增加對曼谷房產的了解，參加「泰國批貨教學團」的好處是，大家對於喜歡的東西，可以一起湊批發數量取得批發價，也可以一起資訊交流，有伴互相幫忙。接下來，針對網友或批貨者常問泰國批貨採購問題，彙整如下：

問1 請問我在台灣賣泰國商品的拍賣網頁上看到的衣服，價格會比較高嗎？還是直接去泰國帶貨比較划算呢？

答 若只是少量採買自己穿的，建議在台灣網拍上採買就可以，除非是自己開店要批貨來賣，一次採買需求量比較大（至少批貨10萬泰銖以上），才建議親自出國選購採買。親自出國選購採買的優點是：「能親自挑選自己喜歡的款式（因為款式時常變化，光看網頁內容可能無法時時掌握最新資訊），也能摸到衣服的質料，顧慮到整體品質！」

問2 去泰國批貨費用高嗎？如果說，我才剛開始要踏進批貨這一行，要先去五分埔批貨呢，還是去泰國？

答 來泰國批貨的成本並不高，如果是新手創業，建議可以先參加海鷗老師在台灣青創會或文化大學教育推廣部或中國生產力中心授課的泰國批貨實務課程，而後參加海鷗老師每月一團的「泰國批貨教學團」，這樣就可以快速地成為曼谷採購高手。

問3 請問，如果沒有店面賣泰國貨可行嗎？

答 可行的。現在行銷的方式非常多元化，並不只限於店面，也可以用預購的方式先收訂金，讓客戶分擔經營初期需準備的資金。想從虛擬商店入手，可以

找 Ricky 老師協助，他以網路行銷專才（粉絲團、部落格輔導／代操經營或網站建置）及廣宣資源，來幫忙販售批回來的泰貨。

問 4 請問自己去泰國採購，跟參加海鷗的「泰國批貨教學團」有什麼差別呢？

答 自己去泰國採購需要事先作很多的準備跟功課，從訂機票到安排交通、住宿、飲食、採購路線安排、換錢、貨運寄送與後續聯繫等問題，都需自己去蒐集情報及處理，往往得花很多的時間與精神，甚至金錢去買經驗。出國在外，還有一點需特別注意的，便是自身與錢財的安全，跟批貨團一起前往，彼此間可以互相照顧，若臨時有突發狀況，海鷗可以幫忙處理，節省您更多的寶貴時間與金錢。

問 5 請問為何要排週末假日去呢？

答 曼谷批貨至少需安排四天三夜，最理想的行程安排是星期四到星期日，或是星期五到星期一，而星期六到星期二也可以，總之，得包含星期六、星期日其中一天。因為有名的扎圖扎週末假日市場，只有星期六、日才營業，行程不可錯過這裡。雖然扎圖扎週末假日市場環境炎熱，但它聚集了各項商品哦！對初次來泰國找商品販售的買家，扎圖扎週末假日市場這個批貨聖地可不能錯過！

問 6 第一次出國批貨大約要準備多少費用呢？最少要帶多少貨款才能打平？

答 一般來說分為兩種：

1. 已開業者（有店面或網拍經營者），建議衡量自己每月的進貨量去做評估，若為服飾業者，建議準備 10 萬泰銖以上的貨款，若為家具業者，金額將更多。

2. 為考察階段中、還沒有店面或即將有店面的人，建議先以考察的心態去學習。若還沒有決定賣什麼商品，先不要設限，可以多元化商品嘗試，每樣自己喜歡的商品都先採買批發價最低門檻，看看消費者反應後再追加訂單，建議準備 5 萬泰銖以上的貨款。

問 7 請問批貨只拿一兩件可以嗎？要不要 All Size 都拿呢？

答 每家店有每家店的規定，所以至少要達到店家規定的批發價最低門檻才可以批發價採買，否則就只能以零售價採買了。

問 8 請問泰國批貨教學團是一對一教學嗎？海鷗會一直陪著批貨嗎？

答 通常是小團制，採 8 人以下的教學模式，海鷗會全程陪伴教學，有問題可以隨時發問，讓您在採買過程中，可以輕鬆解決問題。

語言部分，海鷗會講泰文，可協助溝通批貨相關事宜，這樣省掉很多溝通時間及麻煩，通常泰國人一聽到批貨者若以泰文溝通，有些還可拿到更漂亮的批貨價格喔！此外海鷗也認識信譽比較好的貨運公司，可協助貨品寄送回台灣，避免批貨者辛苦採買回來的貨品寄丟的情況發生。

問 9 有的人建議第一次去批貨需要 4～5 天，是這樣的嗎？可以多留幾天嗎？

答 建議來泰國曼谷批貨的天數至少 4～5 天。當然，若時間允許，想多留幾天順便旅遊一下也可以。

問 10 我怕我從來沒有批過貨或做過生意，去那裡會一頭霧水、浪費時間，結果什麼也沒買到。

答 初次來泰批貨採買的買方，最好可以參加泰國批貨教學團。行程中，海鷗會安排所有的批貨採買地點，批貨的選擇性比較多，海鷗也會分享多年的親身批貨經驗與代購經驗，讓您可以輕鬆批貨，進而學會未來自己獨立批發採購。

問 11 請問批的貨走海運還是空運？貨運回台灣要幾天？

答 幾種運輸方法，提供參考：

❶ 快遞：物品總重量不到 22 公斤，可採用快遞方式運送，貨品會直接送達台灣指定地址，寄出至收到約 3 天，此運送方式是最快速也是價格最高的方式。
● 付款方式：泰國

❷ Door To Door 空運：物品總重量 22 ～ 99 公斤可以用 Door To Door 的方式運送，此運送方式貨品會直接送達指定地址。不過，台灣的窗口公司會跟收件人收取台灣的稅費，Door To Door 空運方式，寄出至收到約 4 ～ 5 天，運送方式價格介於快遞與一般空運之間。

- 付款方式：泰國，但貨送達收件人時，台灣的貨運公司會跟收件人收取台灣的稅費。

❸ 一般空運：物品總重量 100 公斤以上建議用此方式運送，此運送方式的運費比快遞及 Door To Door 空運便宜，寄出到收到約 3 天。

1. 費用分兩部分：泰國空運費用及台灣報關的費用與關稅。

2. 每件商品需有產地標 (made in Thailand)、詳細價格及名稱。

- 付款方式：泰國，但貨到台灣，台灣的報關行會跟收件人收取台灣的報關及稅費。

❹ 海運：物品總重量 300 公斤以上建議用此方式，物品寄出至收到約 1 個月時間。

1. 費用分兩部分：泰國海運費用及台灣報關的費用與關稅。

2. 每件商品需有產地標 (made in Thailand)、詳細價格及名稱。

- 付款方式：泰國，但貨到台灣，台灣的報關行會跟收件人收取台灣的報關及稅費。

問12 如果想去看看鞋子、包包類的東西，曼谷有很多這樣產品嗎？

答 本書介紹了鞋子、包包的批發市場，您可以親自到這幾個批發商場看看哦！因為每個人眼光不同，建議還是親自來趟泰國選購會比較好！

問13 泰國批貨區那麼大，自己提貨不是累到爆？

答 建議批貨者一定要準備一台「購物拉車」，採買完自己要帶回的貨後，就裝在購物拉車中帶回飯店，至於準備要用寄的貨品，可以於各店家採買後，將貨集中在一家店家，然後將自己配合的貨運公司電話給店家，請店家幫忙聯絡貨運公司，直接將貨送到貨運公司。如此一來，直接送到貨運公司的貨就不需再帶回飯店了，可以節省很多的時間跟提重物的力氣。

問14 到泰國批貨批到一半才發現帶的錢不夠怎麼辦？

答 建議可以帶一張提款卡及信用卡在身上，於出發前先和發卡銀行詢問，若在泰國想提領現金，需如何辦理？密碼確認？一切都沒問題的話，到了泰國，若真需要提領現金，只要找到提款機，都可以提領，但提領金額每次上限是2萬泰銖，一天最高上限是10萬泰銖，因為每提領一次就需花一次手續費，所以建議大家提領時想清楚自己要提領的金額，才不會浪費手續費。

另一種方式便是採買金額較高的店家，先付訂金即可，後續尾款等回到台灣後再匯款給海鷗，海鷗再幫忙協助付清（限「泰國批貨教學團」的學員才能享有此服務）。

問15 自己到泰國拿貨拿到的批發價會比五分埔專賣泰貨的批發價便宜很多嗎？

答 若一次的批貨量達10萬泰銖以上，建議可以親自前來泰國選購，選擇性會比在台灣五分埔多，價格一定也會比較便宜。

問16 若喜歡的款沒貨了可以追加嗎？

答 首度來曼谷批貨的買家，因為不確定自己要採購商品的方向，可以到每個批貨商場去看看，選擇自己覺得不錯的商品，每樣商品都可先買小量回台試賣看看，待商品的反應良好，再自行前來採買或請海鷗幫忙代買，採買過的店家，可以請店家開收據並將店家名片釘在一起，自己用中文註明商品名稱，並用手機拍圖存檔備用，以便下次再來泰採買或是請海鷗幫忙追加商品時，可以快速地找到店家及商品。

問17 若在禮品展或者是扎圖扎週末假日市場有東西想用空運的，步驟為何呢？

答 若有需要寄送的，請先告訴海鷗，讓海鷗先跟貨運公司說一聲，每包商品上先寫下您自己的英文名字及內容物數量，然後把貨運公司的電話給店家，請店家幫您聯絡貨運公司即可。

若採買數量不多，店家會要求收一些運送費用，這是正常的。

袋子上的寫法例如：Amy，T-shirt 20 pieces，0869836660（Taiwan）

問 18 泰國運費如何支付呢？

答 採買結束，若有空到貨運公司，可以先跟貨運公司結帳或付訂。若沒時間去貨運公司，可以告訴海鷗一聲，海鷗再請貨運公司把運費付款單給海鷗，海鷗再轉 Mail 給您，您再匯款到海鷗台灣帳戶，由海鷗幫您代付運費尾款即可（限「泰國批貨教學團」的學員才能享有此服務）。

問 19 我需要先自備數張已先寫好的台灣收件地址嗎？需要直接貼在箱子上？

答 不需要，這些貨運公司都會幫忙填寫，但您需要把台灣收件人資料交給貨運公司（由海鷗代轉也可以）。

問 20 我在 4 月初時去曼谷玩，發現洋裝非常漂亮，想在 4 月底去曼谷批貨，因為我們行李箱帶貨回來有限，所以我想和店家說之後幫我用寄的，也想請他們有新貨時寄照片給我，只是不知付款方式要如何和他們談？

如果先付 50%，他們不出貨怎麼辦？還是我可直接請海鷗代勞，然後再付代購費給海鷗呢？

答 以海鷗長住及代買的經驗來說，泰國人的責任感並沒有台灣人這麼好，就算先支付 50%，未必就能如期出貨。海鷗的建議是，由海鷗在曼谷直接幫您代購及處理後續會比較好。

問 21 批貨市場的人會說中文嗎？還是簡單基本的英文也可以通？

答 泰國的母語是泰語，很少人會說中文，簡單的英文溝通還可以。

作者海鷗於泰國的店面。

100句超實用批貨泰國語

中文	泰文	中文發音
你好	สาสดี	撒哇哩
謝謝	ขอมคุณ	KOB 坤
數字 1	หนึ่ง	冷
數字 2	สอง	俗（台語音）
數字 3	สาม	傘（二聲音）
數字 4	สี่	四（台語音）
數字 5	ห้า	哈（四聲音）
數字 6	หก	ㄏㄡ（輕音）
數字 7	เจ็ก	ㄐㄟ（輕音）
數字 8	แปด	杯（輕音）
數字 9	เก้า	狗（台語音）
數字 10	สิบ	係（輕音）
數字 100	ร้อม	冷 Loi
數字 1000	พัน	冷潘
數字 10000	หมื่อน	冷門
去	ไป	by
大	ใหญ่	yaiˇ
中	กลาง	glaang
小	เล็ก	Leg

中文	泰文	中文發音
長	ยาว	yaaw
短	สั้น	San丶
新	ใหม่	買
舊	เก่า	稿
每一樣	ทุกอย่าง	tug yaang˘
顏色	สี	Si╱
紅色	แดง	Si╱ ㄉAAng
橙色	ส้ม	Si╱som丶
黃色	เหลือง	Si╱ 冷（2聲音）
綠色	เขียว	Si╱kiaw╱
淡藍色	สีฟ้า	Si╱faa╱
深藍色	สีน้ำเงิน	Si╱nam╱ngern
紫色	ม่วง	Si╱mwang丶
白色	ขาว	Si╱kaaw╱
黑色	ดำ	Si╱ ㄉ am
灰色	เทา	Si╱tau
銀色	สีเงิน	Si╱ ngern
金色	ทอง	Si╱toong
粉紅色	ชมพู	Si╱Chom puu

中文	泰文	中文發音
咖啡色	สีกาแฟ	Sii gaa fa
淡色	ออน	Si↗oon
深色	เข้ม	Si↗kem↘
公克	กรัม	gram
公斤	กิโลกรัม	gi loo
1打	โหล	ˌLoo↗
1條	เส้น	Sain↘
1瓶	ขวด	kwd↗
1個	ชิ้น	chin↗
按碼錶計算	คิดตาม	kid daam metter
遠	ไกล	該
近	ใกล้	蓋
請問批發價多少?	ราคาขามส่งเท่าไหร่	la ka tao↘ lai˅
要買來賣的	จะซื้อมาขาม	ja si↗ ma kai˅
便宜些可以嗎?	ราคาถูกหน่อยได้ไม	la ka to↘noi 帶埋
這個多少錢	อันนี้ราคาเท่าไหล่	安倪 la ka tao↘ lai˅
衣服	เสื้อผ้า	色帕
帽子	หมวก	磨（輕音）
皮帶	เข็มขัด	Keem˅kad

中文	泰文	中文發音
裙子	กระโปรง	gra broong
褲子	กางเกง	gaang geeng
鞋子	รองเท้า	roong tau✓
包包	กระเป๋	gra bau✓
戒指	แหวน	wean
耳環	ต่างหู	檔胡
項鍊	สร้อยคอ	sloi✎ ko
貨物	สินค้า	醒ㄎㄚˊ
明細表	รายการ	來˙乾
家具	เฟอร์นิเจอร์	ferniture
圍巾	ผ้าพันคอ	怕潘 ko
銀飾	เงิน	ngen
鋼	เหล็ก	leg˘
鋁	อลูมิเนียม	a lu mi niam✎
瓷器	ลายคราม	lai kram
陶土	ดินเผา	丁袍
桶	มาร์เรล	堂
碗	ทัพ	退
盤子	จาน	沾

中文	泰文	中文發音
筷子	ตะเกียบ	搭ㄍㄧㄚˋ
湯匙	ช้อน	chon ˊ
水	น้ำเปล่า	nam 寶
椰子	มะพร้าว	媽袍
桌子	โต๊ะ	ㄅㄛˋ
椅子	เก้าอี้	告意
柚木	ไม้สัก	埋
芒果木	ไม้มะม่วง	埋 ma muang ˋ
牛皮	หนังวัว	囊蛙
珍珠魚皮	หนังปลากระเมน	囊八噶鞭
羊皮	หนังแกะ	囊 gei
蛇皮	หนังงู	囊 ngu
鱷魚皮	หนังจระเข้	囊 ja ra ke ˋ
皮帶	เข็มขัดหนัง	kem kad nang
打折	ส่วนลด	suan ˇ lod
枕頭套	ปลอกหมอน	玻 mon ˊ
床	เตียง	diang
抱枕套	ชุดหมอน	促 mon ˊ
訂金	เงินฝาก	ngen 巴沾

中文	泰文	中文發音
手機號碼	หมายเลขโทรศัพท์	買類 to ra sab
貨運公司	จำกัด สินค้า	cargo
地址	ที่อยู่	替 U
姓名	ชื่อ	次

海鷗批貨團學生開的店

店名	資訊
100%Boutique	地址：新北市永和區永和路一段 49 巷 12 號 電話：02-8660-7361 Facebook：100%Boutique
Fighting 精品服飾	地址：高雄義大世界 B 區 123 廣場 電話：0981-590-520 FB：Fighting.tshirt
Pink Lulu 創意飾品小物	地址：敦南誠品外廣場小攤販 　　　（台北市敦化南路一段 243 號） FB：www.facebook.com/pinklulu999
Shopping Bag 蝦餅袋服飾精品	地址：台北市士林區基河路 101 號（新士林夜市） 　　　古蹟長棟 14 號 電話：02-2836-2838、2883-5726 FB：蝦餅袋
三大水	地址：台北市松山區南京東路 3 段 335 巷 21-7 號 1 樓 電話：0933-061-848 網站：http://www.karmakamet.com.tw/
BACK TO BRITISH museum shop B2B 中山店	地址：台北市中山北路二段 26 巷 10-1 號 1 樓 電話：02- 2568-1848 網站：www.BACK2BRITISH.com

國家圖書館出版品預行編目（CIP）資料

泰國精品批貨：超實用！曼谷逛街購物指南 / 李怡明，
顏毓賢作. -- 初版. -- 臺北市：早安財經文化, 2015.03
　　面；　公分. --（生涯新智慧；38）
　ISBN 978-986-6613-71-5（平裝）
　1.批發　2.商品採購　3.泰國曼谷

496.2　　　　　　　　　　　　　　104002273

生涯新智慧38

泰國精品批貨
超實用！曼谷逛街購物指南

作　　　者：李怡明（泰國海鷗）、顏毓賢（Ricky）
特 約 編 輯：葉益青
封 面 設 計：Bert.design
美 術 設 計：林美君
行 銷 企 畫：陳威豪、陳怡佳

發 行 人：沈雲驄
發行人特助：戴志靜、黃靜怡
出 版 發 行：早安財經文化有限公司
　　　　　　台北市郵政30-178號信箱
　　　　　　電話：（02）2368-6840　傳真：（02）2368-7115
　　　　　　早安財經網站：http://www.morningnet.com.tw
　　　　　　早安財經部落格：http://blog.udn.com/gmpress
　　　　　　早安財經粉絲專頁：http://www.facebook.com/gmpress
　　　　　　郵撥帳號：19708033　戶名：早安財經文化有限公司
　　　　　　讀者服務專線：（02）2368-6840　服務時間：週一至週五 10:00～18:00
　　　　　　24 小時傳真服務：（02）2368-7115
　　　　　　讀者服務信箱：service@morningnet.com.tw

總 經 銷：大和書報圖書股份有限公司
　　　　　　電話：（02）8990-2588
製 版 印 刷：中原造像股份有限公司
初 版 1 刷：2015年3月

定　　　價：350 元
Ｉ Ｓ Ｂ Ｎ：978-986-6613-71-5（平裝）